物联网技术应用专业岗课赛证融通系列教材

传感器与自动识别技术

◎主　编　吴　民　吴焕祥　李耘非
◎副主编　彭　程　朱金娜　李　娜　魏美琴
◎参　编　沈　文
◎主　审　胡志齐

電子工業出版社
Publishing House of Electronics Industry
北京•BEIJING

内 容 简 介

本书参照1+X《物联网工程实施与运维职业技能等级标准》初级部分内容和1+X《传感网应用开发职业技能等级标准》初级部分内容，通过6个项目解析了常见的物联网工作场景，介绍了多种传感器混合应用的工作场景和自动识别技术应用的工作场景，全面阐述了物联网传感层的主要技术工作原理和应用方法。

通过本书的学习，读者可以掌握传感器与自动识别技术相关的理论和技能，能解析常见的物联网工作场景，能完成多传感器混合应用和自动识别技术应用的工作任务。本书能让读者初步了解用传感器与自动识别技术的基本知识和技术解决各类实际问题的思路与方法，为读者打开了一扇深入学习物联网传感技术的大门。

本书可作为职业院校物联网相关专业、计算机相关专业的教材，也可作为1+X物联网工程实施与运维和传感网应用开发职业技能等级认证中硬件调试内容的培训教材。

图书在版编目（CIP）数据

传感器与自动识别技术 / 吴民，吴焕祥，李耘非主编. —北京：电子工业出版社，2024.1
ISBN 978-7-121-46459-1

Ⅰ. ①传… Ⅱ. ①吴… ②吴… ③李… Ⅲ. ①传感器－职业教育－教材 ②自动识别－职业教育－教材 Ⅳ. ①TP212 ②TP391.4

中国国家版本馆CIP数据核字（2023）第188534号

责任编辑：张 凌
印　　刷：三河市华成印务有限公司
装　　订：三河市华成印务有限公司
出版发行：电子工业出版社
　　　　　北京市海淀区万寿路173信箱　　　邮编　100036
开　　本：880×1230　1/16　印张：9.75　字数：225千字
版　　次：2024年1月第1版
印　　次：2024年1月第1次印刷
定　　价：30.00元

凡所购买电子工业出版社图书有缺损问题，请向购买书店调换。若书店售缺，请与本社发行部联系，联系及邮购电话：（010）88254888，88258888。

质量投诉请发邮件至zlts@phei.com.cn，盗版侵权举报请发邮件至dbqq@phei.com.cn。

本书咨询联系方式：（010）88254583，zling@phei.com.cn。

前言

本书是1+X物联网工程实施与运维和传感网应用开发认证前导课的教材之一，是职业院校物联网相关专业必修课程“传感器与自动识别技术”的配套教材。党的二十大报告在到二〇三五年我国发展的总体目标中提出，建成现代化经济体系，形成新发展格局，基本实现新型工业化、信息化、城镇化、农业现代化。物联网技术将有力支撑助力现代化建设。本书依据物联网安装调试员职业资格标准和职业岗位需求，在内容和呈现形式等方面进行了改革创新，以适应中高职课程衔接，体现职业教育信息化，有效推动项目教学、场景教学、岗位教学等教学模式改革。

本书的总体设计思路是以生活中常见的物联网使用场景为基准，以解析这些物联网场景的原理和构成方法为教学主线，按照理论→单传感器项目解析→多传感器项目解析的流程，从易到难组织教学过程，并采用项目教学模式培养学生常见物联网场景的解析能力和多种传感器的应用能力。

本书共6个项目，分别是智能建筑传感器技术应用、智能家居传感器技术应用、智能安防传感器技术应用、智慧农业传感器技术应用、智能商超自动识别技术应用、智能图书馆自动识别技术应用。通过这6个项目，系统地介绍了物联网传感层的传感器与自动识别技术的基本原理，重点阐述了传感器与自动识别技术的场景应用，突出了学以致用的重要性。在内容的编排上淡化了学科性，避免介绍过多偏深的理论，而注重理论在具体运用中的要点、方法和技术操作，并结合实际范例，逐层分析和利用传感器与自动识别技术进行实际项目应用。

本书是北京市信息管理学校与北京新大陆时代科技有限公司合办的新大陆物联网工程师学院的教学成果之一，由北京市信息管理学校与北京新大陆时代科技有限公司联合编写。北京市信息管理学校的吴民、李耘非和北京新大陆时代科技有限公司的吴焕祥担任主编，北京市信息管理学校的朱金娜、李娜和北京新大陆时代科技有限公司彭程、魏美琴担任副主编。其中，彭程、李耘非负责编写项目1和项目2，彭程、吴民负责编写项目3和项目4，彭程、朱金娜负责编写项目 5，彭程、李娜负责编写项目 6。北京新大陆时代科技有限公司的沈文、魏美琴协助完成了大量配套教学资源的制作。由于编者水平有限，书中难免有不妥和疏漏之处，恳请读者批评指正。

编　者

扫一扫观看本书配套视频资源

目 录

项目 1

智能建筑传感器技术应用

项目学习目标

1. 知识目标

- 了解传感器的概念、分类、结构和选型原则。
- 了解声音的概念和作用。
- 了解 CC2530 单片机。
- 了解 NEWLab 平台。
- 了解 ZigBee 模块。
- 理解继电器的概念。
- 了解光、光照强度和光电效应的概念。
- 了解声音、光照度传感器的结构和工作原理。
- 了解声音、光照度传感器的工作参数和应用领域。

2. 技能目标

- 能够辨识声音、光照度传感器的作用。
- 掌握声音、光照度传感器的选型方法。
- 掌握 CC2530 单片机程序下载方法。
- 掌握传感器、继电器、执行器在智能建筑方面的使用和搭建方法。

3. 素养目标

- 初步培养安全用电、节能的工作意识。
- 初步培养规范操作、按需取材的工作习惯。

引导案例

随着国家城镇化建设的推进，城市基础设施建设全面改善，在全民节能的大环境下，老旧小区改造进入加速期，各地社区正在纷纷实施的点亮楼道灯光工程成为便民惠民的热点项目。

点亮楼道灯光工程就是对楼道开灯控制系统进行改造升级，使其能够依据光照和声音等外界环境的变化实现自动控制灯光亮灭的功能，从而达到智能亮灯、节能减耗的效果。

项目概述

本项目使用 NEWLab 实训套件中的声音传感器模块和光照度传感器模块来采集环境信息，用以 CC2530 单片机为核心的 ZigBee 模块控制 LED 模拟灯具，搭建的楼道声光控灯系统应用场景如图 1-0-1 所示。声音传感器和光照度传感器采集数据并输入单片机中，当光照强度达到或超过设定阈值，同时声音传感器采集到了超过阈值的音量值时，ZigBee 模块控制继电器模块点亮 LED 灯，实现照明器件的自动控制。

项目综合运用了 CC2530 单片机在 NEWLab 实训平台上模拟楼道声光控灯的效果，其系统框图如图 1-0-2 所示。

图 1-0-1　搭建的楼道声光控灯系统应用场景

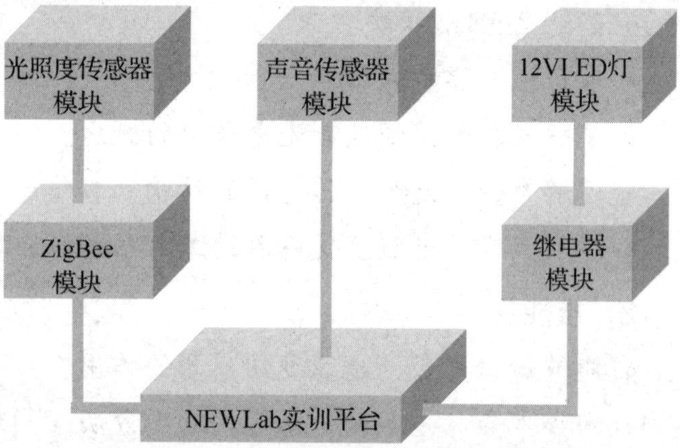

图 1-0-2　楼道声光控灯模拟系统框图

楼道声光控灯系统的实现分为三个任务，首先实现使用声音传感器控制楼道灯亮，然后实现使用光照度传感器控制楼道灯亮，最后完成使用声音、光照度传感器一起控制楼道灯亮。

任务1 使用声音传感器控制楼道灯

任务描述与要求

任务描述：

某老旧小区楼道灯在使用上存在缺陷，灯要么白天晚上一直都不亮；要么白天晚上一直常亮。如果白天晚上都不亮灯，那么晚上居民上下楼时常有踩空、磕碰、摔倒等情况发生，存在安全隐患；如果灯一直亮，那么白天亮灯会造成能源的浪费。鉴于此等情况，小区物业对小区内楼房的楼道灯光进行改造，要求改造后的新系统节能、环保且便捷。鉴于以上需求，承接改造公司计划使用声音控制系统实现楼道灯开关自动控制。

任务要求：

- 应用 ZigBee 模块搭建楼道灯光声控开关模拟系统。
- 使用声音传感器模块采集楼道内的声音信号。
- 通过声音信号控制灯开关状态的切换，即有声时灯变亮，照明一段时间后熄灭。
- 完成程序烧写，实现楼道灯光声控开关系统。

知识储备

1. 传感器及数据采集

信息技术时代已经来临，越来越多的信息系统应用在生活的各个领域，而构建信息系统前要获取准确可靠的信息。浩瀚宇宙、微小粒子、瞬间反应等的信息收集，以及超高/低温、超高压、超强/弱磁场等场合的信息感知，存在大量人类无法用感官直接获取的信息。现代传感器技术是获取自然、生产、生活中信息的主要途径，随着物联网技术的发展，传感器的应用成了必然，且已渗透到工业生产、海洋探测、环境保护、资源调查、医学诊断、生物工程、新能源、新材料等领域。

说一说

你能说出有哪些场景使用了传感器吗？

想一想

你的身体上有传感器吗？请说出你的身体上都有什么传感器。

（1）传感器的定义。

通俗地讲，传感器（sensor）是一种检测周边环境变化，将检测到的信息转换成电子信号并输出的装置，又被称为电五官，图 1-1-1 所示为传感器与人体器官的对应关系。传感器是实现自动检测和自动控制的首要环节，在高温、高湿、深井、高空、高精度、高可靠性、远距离、超细微等场景中的能力远远超出人类感官。

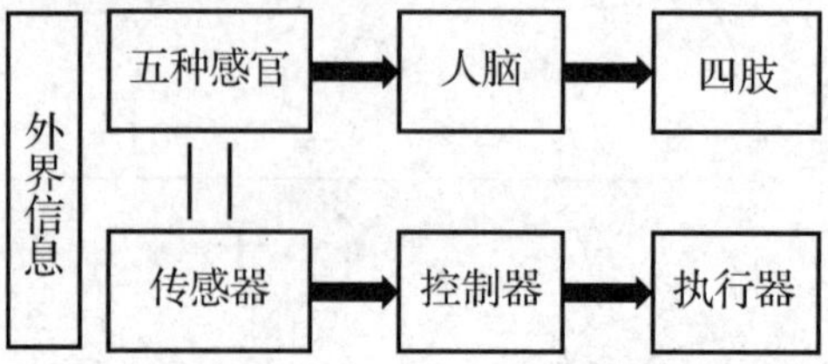

图 1-1-1 传感器与人体器官的对应关系

传感器是能检测被测量并按照一定规律转换成可用输出信号的器件或装置，通常由敏感元件和转换元件组成。该定义包含以下几层意思。

① 传感器是一种检测装置，主要完成特定的测量任务，能感受到被测信息并能将信息按一定规律变换成电信号或其他所需形式的信息输出，以满足信息传输、处理、存储、显示、记录和控制环节等要求。

② 传感器是一种中间件，其主要检测人体不易精确感知的温度、压力、密度、电阻等物理量或其他化学量、生物量等，其输出为经过传感器的传输、转换、处理所得的电信号。

③ 传感器的输入量和输出量存在一定对应关系，且具有一定的精确度。

传感器组成框图如图 1-1-2 所示，主要由敏感元件、转换元件、变换电路和辅助电源四部分组成。

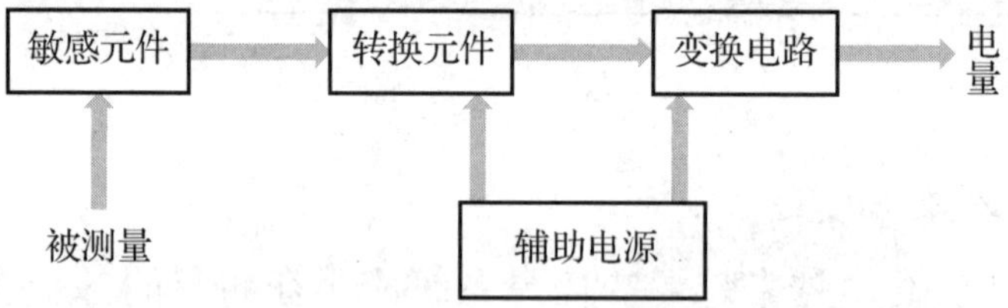

图 1-1-2 传感器组成框图

表 1-1-1 所示为典型传感器应用场景介绍。

表 1-1-1 典型传感器应用场景介绍

类型	用途	应用实例
温湿度传感器	测算周围的温度、湿度	家庭、工厂、温室大棚
光照度传感器	检测光照的变化	防盗照明、自动控制百叶窗
加速度传感器	测算施加在传感器上的力度	智能手机、健身追踪器
测距传感器	发射红外线或超声波，通过接收反射信号，测量传感器与障碍物之间的距离	激光测距仪、倒车雷达
图像传感器	将感光面上的光像转换为与之成比例的电信号	数码相机、智能手机
声音传感器	接收声波	声控开关

（2）传感器的分类。

① 按检测的量可将传感器分为位移传感器、速度传感器、温度传感器、流量传感器、气体传感器等类型。

② 按输出信号的性质可将传感器分为模拟量传感器、数字量传感器和开关量传感器三种。

输出模拟信号的传感器就是模拟量传感器，这种类型的传感器需要进行模拟量和数字量转换，才可以被设备读取。

输出数字信号的传感器就是数字量传感器，这种类型的传感器不需要模拟量和数字量转换，可以直接被设备读取。

区分模拟量传感器和数字量传感器的方法就是看传感器本身是否带有模拟量和数字量转换的功能即可。

开关量传感器是特殊的传感器类型，既可以看成模拟量传感器也可以看成数字量传感器，其输出的信号只有两种，分别对应有、无。

当区分这三种传感器时，可以阅读传感器的说明书，找到“输出形式”这一项，如果“输出形式”标明电压或电流值，那么就是模拟量传感器，如图 1-1-3 和图 1-1-4 所示；如果“输出形式”标明某接口名称，那么就是数字量传感器，如图 1-1-5 所示；如果“输出形式”标明常开/常闭可选，就是开关量传感器，如图 1-1-6 所示。

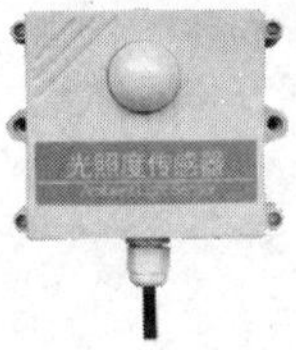

光照度传感器

直流供电	12～24V DC
耗　　电	≤0.15W（@12V DC，2℃）
精　　度	±5%（25℃）
光照强度	0～20万lx
稳 定 性	±5%/y
输出形式	0～5V
工作压力	0.9～1.1atm

图 1-1-3　光照度传感器

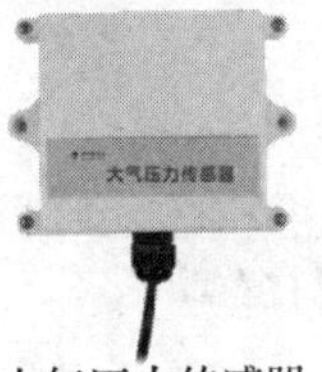

大气压力传感器

供电电源	24V DC（默认）
输出形式	4～20mA输出
工作温度	-10～60℃
负载能力	电流型≤600Ω，电压型≥3kΩ
准 确 度	±1%
非 线 性	≤0.2%FS
响应时间	≥30ms
量程范围	0～110kPa

图 1-1-4　大气压力传感器

温湿度传感器

供电电压	3.1～5.5V DC
测量范围	温度：-10～+80℃ 湿度：0～99.9%RH
精　　度	温度：±0.5℃ 湿度：±3%RH（25℃）
输出形式	单总线/I²C信号
外壳材料	PC塑料
质　　量	0.5g

图 1-1-5　温湿度传感器

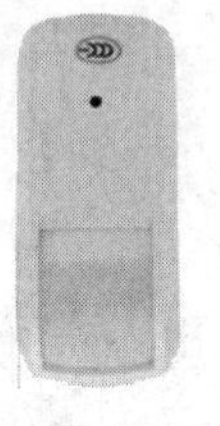

人体探测器

工作电压	9～16V DC
环境温度	-10～50℃
探索范围	6m×0.8m（安装高度在3.6m时）
探测角度	15°
消耗电流	≤20mA（12V DC时）
探测距离	6m
输出形式	常闭/常开可选
产品尺寸	80mm×34.5mm×28mm

图 1-1-6　人体探测器

③ 按工作原理可将传感器分为电阻传感器、电容传感器、电压传感器、霍尔传感器等类型。

（3）传感器的选择。

传感器种类繁多，做出合理的选择具有一定的难度。具体在应用中需要根据测量对象、测量环境和对结果精确度的要求，选择性能匹配的传感器，具体可参照以下四条原则。

① 根据测量对象和测量环境确定传感器的类型。

在测量某个被测量时，依据工作原理的不同可以选用多种传感器进行测量，选择时要根据传感器体积的大小、应用环境对传感器尺寸的要求、测量对象是否允许接触、信号的引出方法、经济成本等来确定传感器的类型。例如，在选择体温计和温度计时，如果想测量自己的体温，那么可以依据测量对象原则来选择图 1-1-7 所示的体温计；如果想测量室内温度，那么要依据测量环境原则来选择图 1-1-8 所示的温度计。

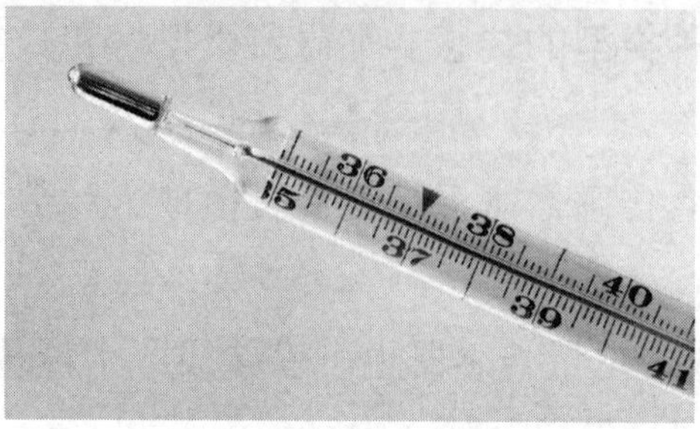

图 1-1-7 体温计

图 1-1-8 温度计

② 灵敏度的选择。

灵敏度是传感器的敏感程度，如电子天平的灵敏度是 0.1g，而普通电子秤的灵敏度是 0.1kg（100g），如图 1-1-9 和图 1-1-10 所示。当你想要测量自己的体重时，可以依据灵敏度原则选择图 1-1-10 所示的普通电子秤来进行测量，因为测量体重不需要精确到 0.1g。

图 1-1-9 电子天平

图 1-1-10 普通电子秤

③ 线性范围。

线性范围是传感器的测量范围，也就是传感器的量程。前面提到的温度计和普通电子秤都存在测量范围，在具体区分的时候也可以依据线性范围来选择。当测量室内温度时，如图 1-1-7 所示体温计的量程是不够用的（体温计量程为 35～42℃），所以只能选择温度计（温度计量程为-30～50℃）；当测量体重时，如图 1-1-9 所示的电子天平的量程是不够用的（电子天平量程为 0～9999.9g），所以只能选择普通电子秤（电子秤量程为 0～300.0kg）。

④ 稳定性。

传感器使用一段时间后，仍能保持性能不变的能力称为稳定性。影响传感器稳定性的因素有其本身的结构和使用环境。例如，如果要给路灯加装光照度传感器，有图 1-1-11 和图 1-1-12 所示两款传感器可以选择，那么就需要依据稳定性原则选择使用图 1-1-11 所示的防水型光照度传感器，因为图 1-1-12 所示的光敏型光照度传感器在户外使用时不具备稳定性，随时都可能被损坏。

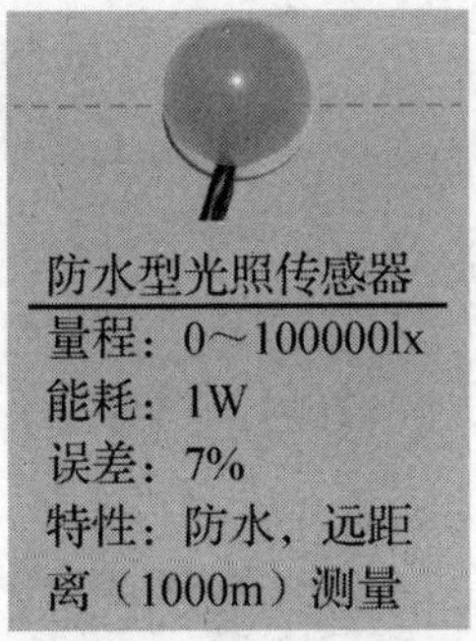

图 1-1-11　防水型光照度传感器

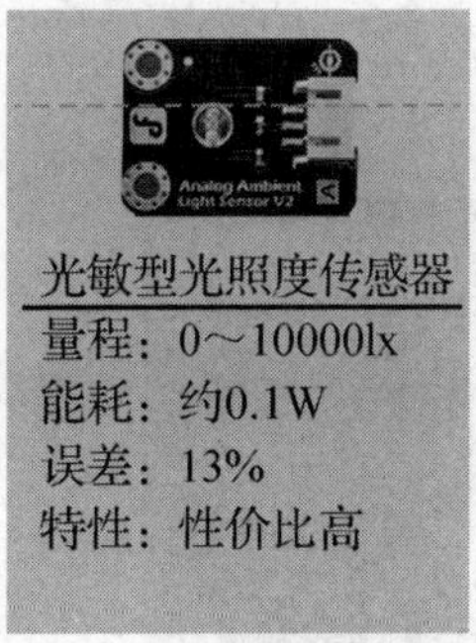

图 1-1-12　光敏型光照度传感器

2. 声音传感器

声音以波的形式在空气等介质中传播，不同声音的频率也不同，人耳的听觉范围为 20Hz～20kHz，动物的听觉范围比人类的听觉范围更宽，如图 1-1-13 所示。声音传感器又称为声敏传感器，是一种先将在气体、液体或固体中传播的机械振动转化为电信号，再将电信号输送给后续处理电路以实现数据采集的器件或装置。工业生产等场景中，为利用声音信号作为控制源实现自动控制，常用声音传感器作为自动控制系统的“耳朵”。

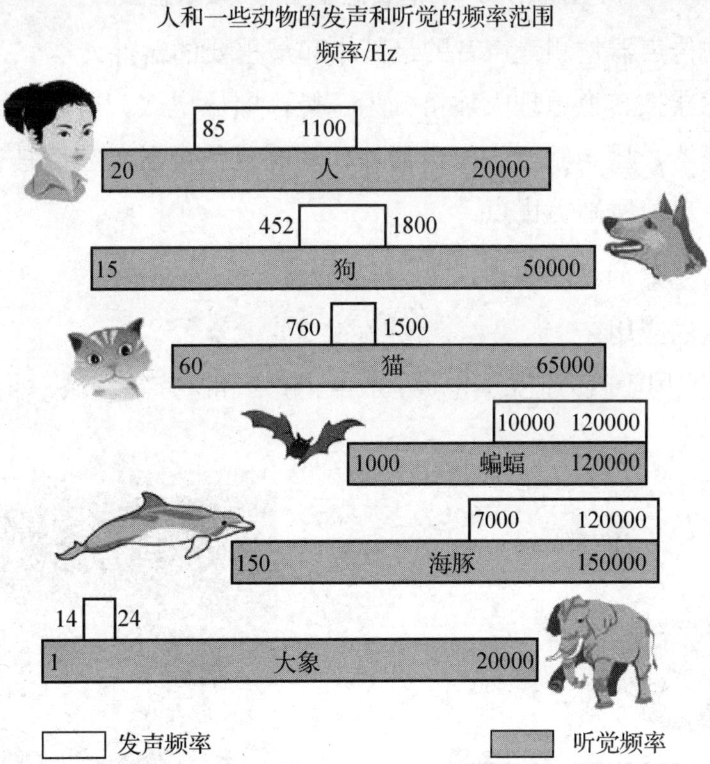

图 1-1-13　不同生物的听觉范围示意图

（1）工作原理。

声音测量属于非电量的测量，测量中声音传感器起到声电转换作用，如图 1-1-14 所示。

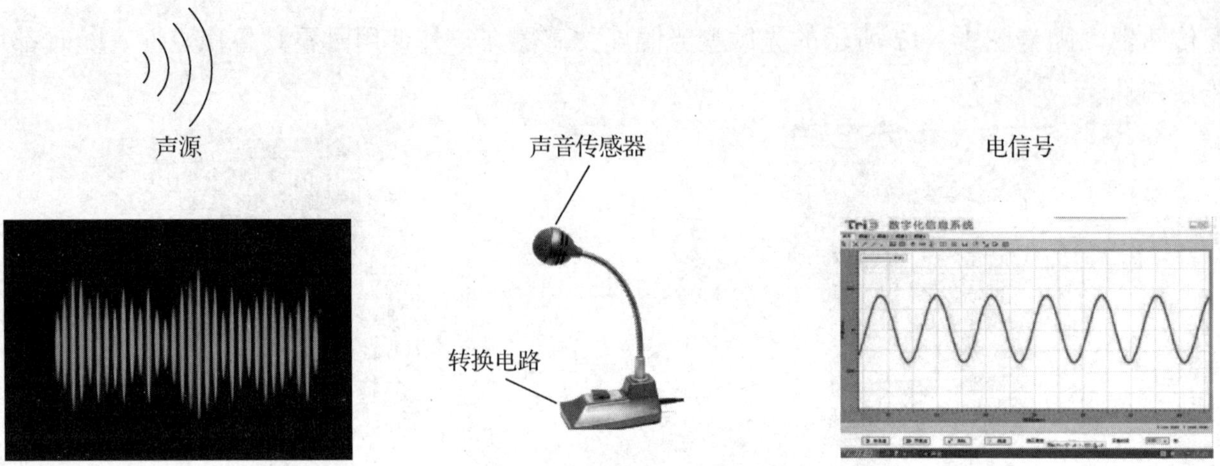

图 1-1-14　声电转换示意图

先将外界作用于声音传感器上的声音信号转换成相应的电信号，然后将所得的电信号输送给后继的电测系统进行测量，如图 1-1-15 所示。

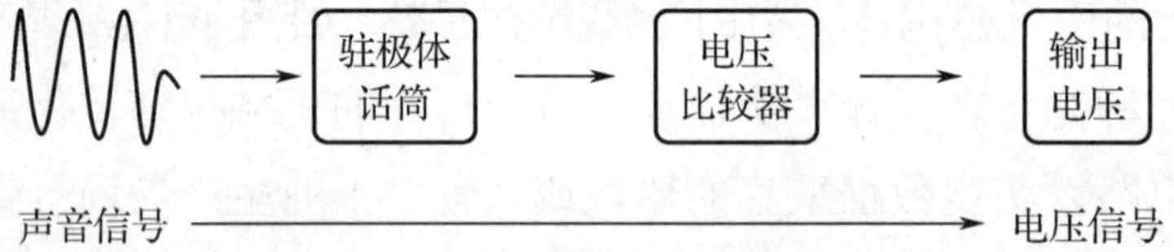

图 1-1-15　声音传感器模块转换示意图

声电转换所用的传声器是测量声音的最基本和最重要的器件。

常用的声音传感器按转换原理大体可分为三类，即压电式、电容式和电动式。典型应用有驻极体电容式传声器、压电驻极体电声器件和动圈式传声器。它们具有结构简单、使用方便、性能稳定可靠、灵敏度高等优点。

画一画　画出声音传感器的结构框图。

（2）声音传感器的应用。

声音传感器广泛应用于噪声监测、电声、水声、超声和医疗等领域，如图 1-1-16 和图 1-1-17 所示。

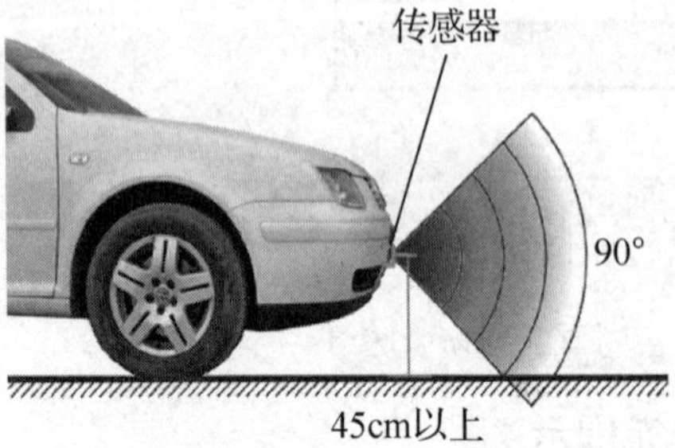

图 1-1-16　车辆避障

图 1-1-17　军事探测

① 日常生活。

声波传感器利用锆钛酸铅（PZT）压电陶瓷的正、逆压电效应，可发射超声波，并根据超声波在空气传播遇障后的反射进行测距，其广泛用于汽车倒车报警器装置中。

② 工业领域。

缝纫设备生产厂家大部分采用电子检测仪器、声响检测机器来定位最大声源产生处，测量零部件受力大小、振动大小等。

③ 医疗领域。

光纤麦克风具有对磁场的抗干扰能力，可以应用于核磁共振成像的通信，是唯一在核磁共振成像扫描时可以在病人和医生之间进行通信的麦克风。

连一连 如图 1-1-18 所示，为下面给出的 3 个应用场景选择合适的声音传感器，并写出你是依据什么原则进行的选择。

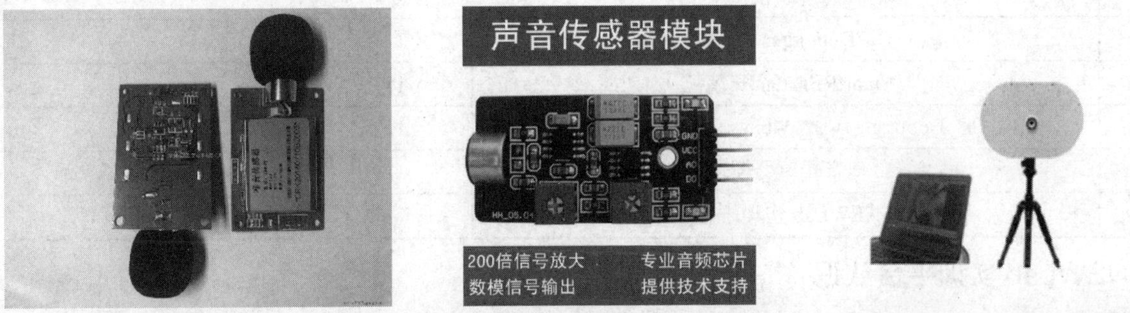

（A）噪声传感器　　（B）专业音频芯片　　（C）声纳阵列

（a）智能音箱　　（b）扬尘监测系统　　（c）交通禁止鸣笛检测

图 1-1-18　选择声音传感器

3．CC2530 单片机简介

CC2530 单片机是采用业界标准的增强型 8051MCU、整合全集成的 ZigBee/IEEE 802.15.4 高效射频（RF）收发器的片上系统（SoC），内置 8KB SRAM、大容量的可编程 FLASH 闪存。CC2530 F32/F64/F128/F256 等芯片型号中 F 后的数字即表示其闪存容量，即依次为 32KB、64KB、128KB、256KB。TEXAS INSTRUMENTS 公司的 CC2530 芯片如图 1-1-19 所示。

图 1-1-19　TEXAS INSTRUMENTS 公司的 CC2530 芯片

CC2530 具备丰富的外设交互能力，具体有 21 个通用 I/O 引脚；4 个常规定时器；1 个具有捕获功能的睡眠定时器；1 个看门狗定时器；2 个串行通信接口 USART0、USART1；1 个 8 通道 12 位 ADC

（模拟量和数字量转换器）。

CC2530 具备一个兼容无线收发器，其中 RF 内核控制模拟无线模块，用于连接无线外设，其可以发出命令、读取状态、操控外设。

任务实施

设备与资源准备

任务实施前必须准备好以下设备和资源，如表 1-1-2 所示。

表 1-1-2　任务 1 需准备的设备和资源

序号	设备/资源名称	数量	是否准备到位（√）
1	ZigBee 模块	1 个	
2	CC Debugger 仿真器	1 个	
3	SmartRFProgr 安装包	1 个	
4	CC_Debugger_win_64bit_x64.exe 安装包	1 个	
5	声音传感器模块	1 个	
6	NEWLab 实训平台	1 个	

1．NEWLab 实训平台认识

NEWLab 实训平台拥有 8 个通用实验模块插槽，如图 1-1-20 所示，支持单个实验模块实验，或者最多 8 个实验模块联动实验。平台内集成通信、供电、测量等功能，为实验提供环境保障与支撑。平台内置了一块标准尺寸的面包板（实验电路板）及三种规格输出独立电源，用于电路搭建实验，且设计了短路保护措施，避免误操作带来的设备损坏。

NEWLab 实训平台创新性地采用了磁性吸附设计，便于安装与重复使用，避免了传统实验设备安装过程极易发生的设备损坏情况。实验模块上的智能互动芯片具备与软件平台通信、引导安装、采集实验数据等功能，进一步提高了实验的操作性。

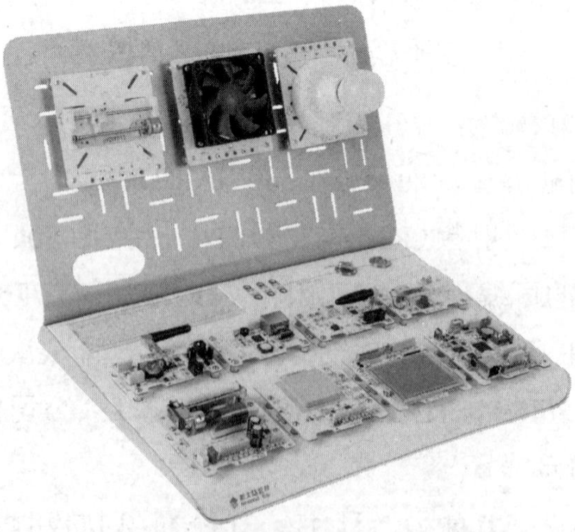

图 1-1-20　NEWLab 实训平台实物图

2．声音传感模块和 ZigBee 模块电路板认识

NEWLab 实训平台的声音传感模块可以采集声音变化的情况，转换输出为对应电压，并可通过放大、比较电路输出结果电压。声音传感器模块实物图如图 1-1-21 所示。

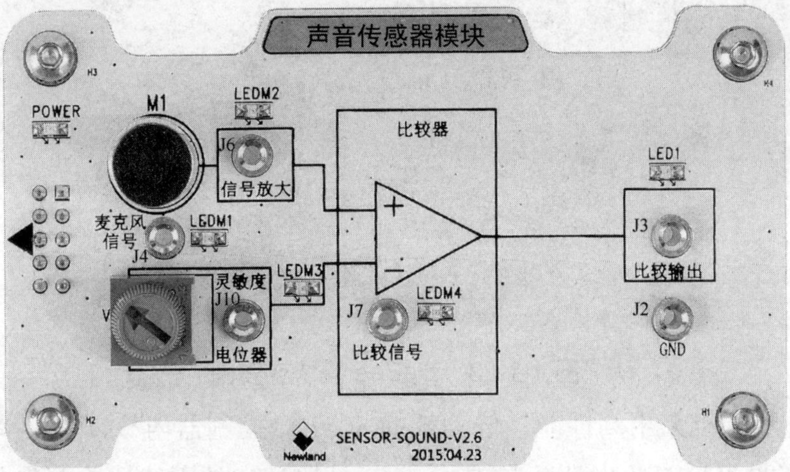

图 1-1-21　声音传感器模块实物图

声音传感器结构图如图 1-1-22 所示，模块各部分名称及功能如下。

① 麦克风输入头 MP9767P，用于采集外界声音。

② 麦克风信号端口 J4，用于测试麦克风输出的音频信号。

③ 信号放大电路。

④ 信号放大端口 J6，即采集信号的放大后的输出电压，输入比较器的正端。

⑤ 灵敏度调节电位器。

⑥ 灵敏度测试端口 J10，即比较信号的输出电压（可通过电位器调节比较信号的大小），输入比较器的负端。

⑦ 比较器电路。

⑧ 比较信号测试端口 J7，即比较信号的输出电压。

⑨ 比较输出测试端口 J3，即信号比较后的输出电压。

⑩ 接地 GND 端口 J2。

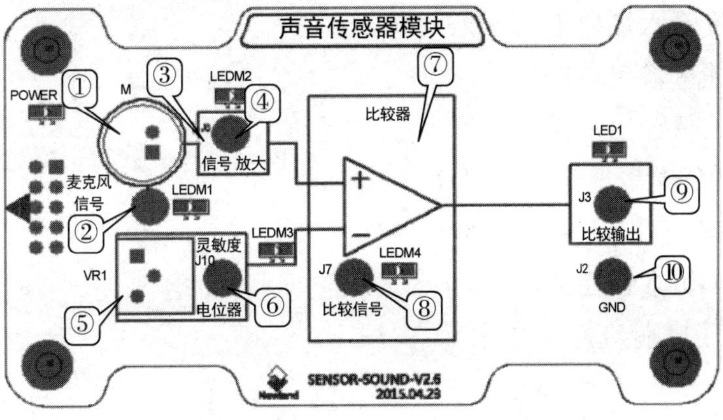

图 1-1-22　声音传感器结构图

NEWLab 实训平台中的 ZigBee 模块搭载了 CC2530F256 单片机，该模块实物图如图 1-1-23 所示，其上有连接、通信两个指示灯。

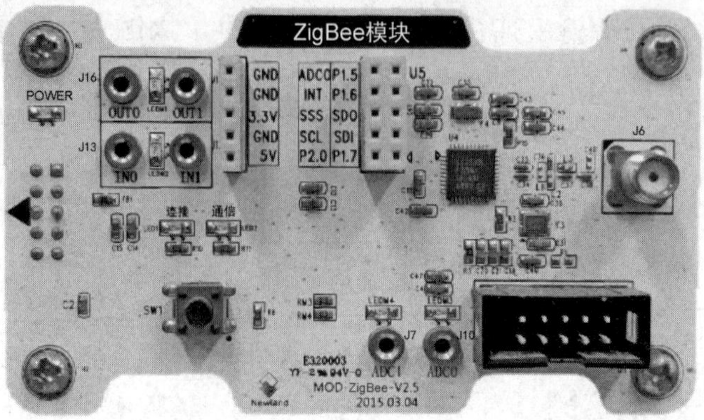

图 1-1-23　ZigBee 模块实物图

CC2530F256 单片机采用高性能、低功耗的 8051 微控制器内核，以及具有极好接收灵敏度和抗干扰性能的 2.4G RF 收发器，是支持 ZigBee 协议栈的无线网络开发的平台。

ZigBee 模块结构图如图 1-1-24 所示，模块各部分名称如下。

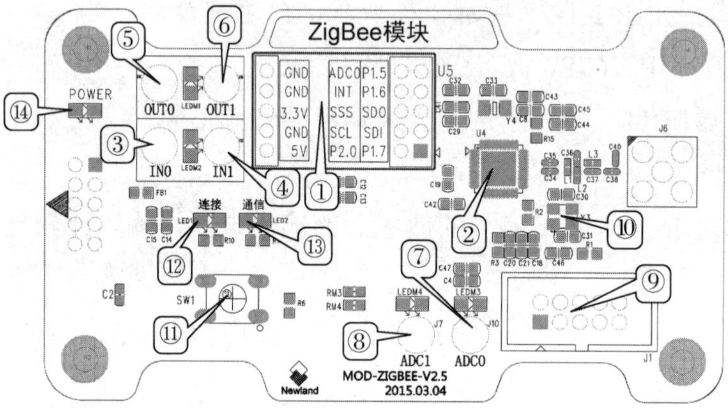

图 1-1-24　ZigBee 模块结构图

① 传感器接口，用于连接各类传感器模块。

② CC2530F256 单片机。

③ IN0 为开关量输入端口 0。

④ IN1 为开关量输入端口 1。

⑤ OUT0 为开关量输出端口 0。

⑥ OUT1 为开关量输出端口 1。

⑦ ADC0 为 ADC 模拟量输入端口 0。

⑧ ADC1 为 ADC 模拟量输入端口 1。

⑨ CC Debugger 仿真器连接端口。

⑩ 小辣椒天线连接端口。

⑪ 按键。

⑫ 连接指示灯 LED1。

⑬ 通信指示灯 LED2。

⑭ 电源指示灯 POWER。

3. 声控楼道灯控制系统结构分析

要实现声控 LED 灯的亮灭需要解决声音采集、信号处理、数据输出、点亮 LED 灯等问题。本任务使用声音传感器模块采集声音信号，其输出的开关量信号送至 CC2530 单片机；CC2530 单片机判断声音信号的情况、控制 LED 灯的点亮与熄灭。其中楼道灯采用 ZigBee 模块上的连接指示灯进行模拟，声控楼道灯光模拟系统结构图如图 1-1-25 所示。

4. 声控楼道灯光系统程序设计设计流程图

声控楼道灯光系统程序设计流程图如图 1-1-26 所示。

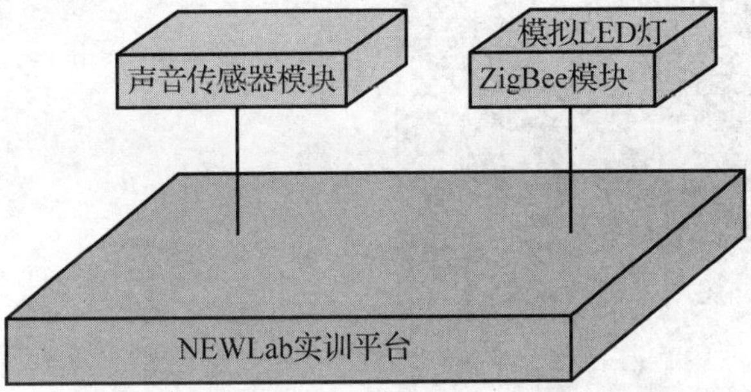

图 1-1-25 声控楼道灯光模拟系统结构图

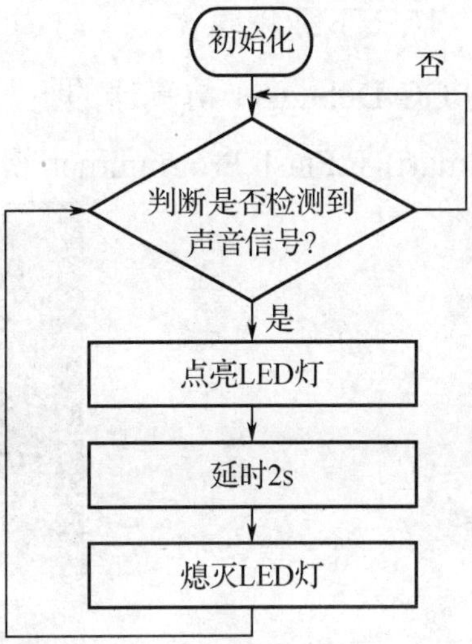

图 1-1-26 声控楼道灯光系统程序设计流程图

5. 硬件环境搭建

如图 1-1-27 所示，用香蕉线把声音传感器模块的 J3 端口（比较输出）连接到 ZigBee 模块的 OUT1 端口，ZigBee 模块的 J15 端口（OUT1）与内部 CC2530 单片机的 P1.5 脚相连，定义为声音输入端口，两个模块均通过 NEWLab 实训平台供电。

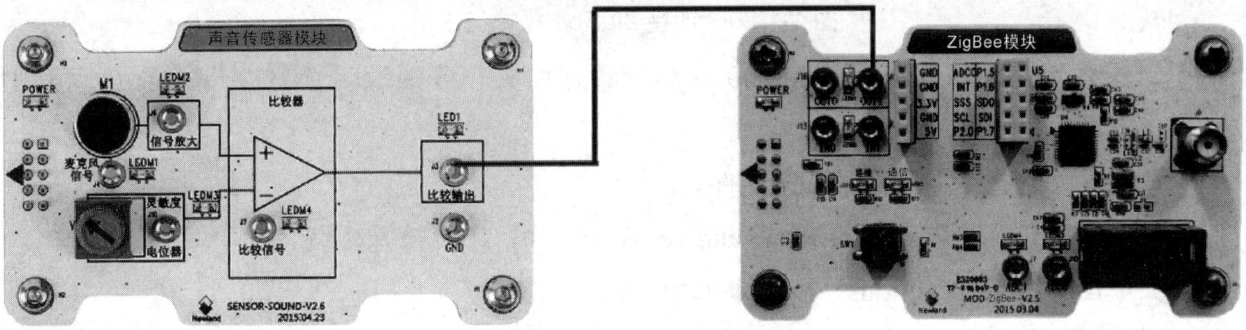

图 1-1-27 声控楼道灯光系统硬件连线图

6. 项目编译及链接

双击 Setup_SmartRFProgr 安装包，安装的默认设置如图 1-1-28 所示。如果系统中已经安装了 SmartRF Flash Programmer，图标为，那么就不必重新安装该软件了。

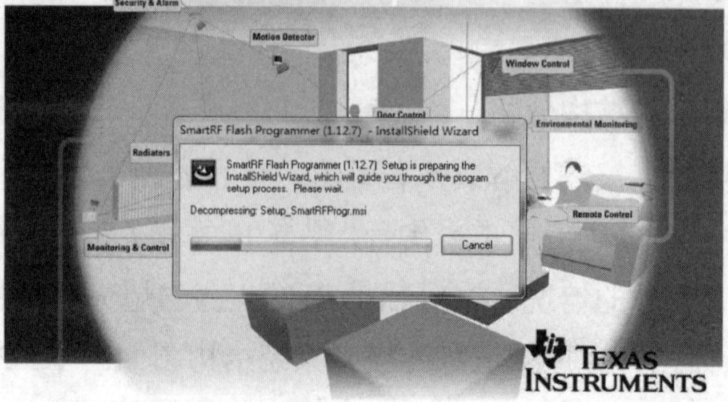

图 1-1-28　安装 TEXAS INSTRUMENTS 公司的 SmartRF Flash Programmer

7．IAR 下载程序

用 CC Debugger 仿真器的下载线连接 ZigBee 模块至主机 USB 接口，如图 1-1-29 所示。启动 SmartRF Flash Programmer 软件，在图 1-1-30 所示界面中设置软件界面中的参数。

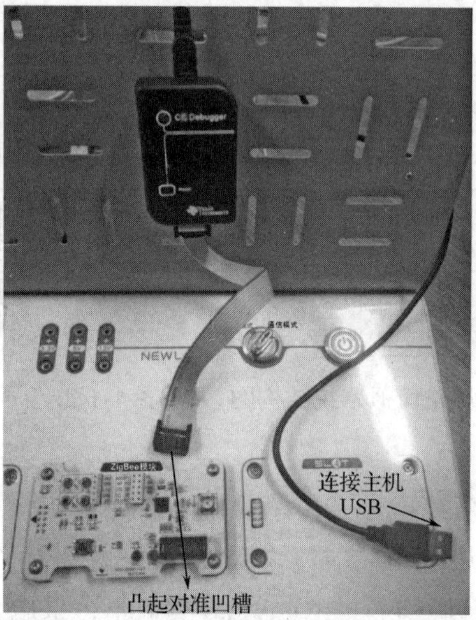

图 1-1-29　连接 ZigBee 模块与主机

① 观察此处选项是否和图 1-1-30 中的一致，如果一致则说明 CC Debugger 仿真器驱动已安装。

② 在此处选择所要下载的 hex 文件。

③ 在此处选择“Erase，program and verify”选项，即“擦除、编程和验证”。

④ 单击“Perform actions”按钮即执行下载功能。

当软件提示“Erase，program and verify OK”时，表示程序下载完成，否则请检查设备连接情况、端口识别情况，确保连接正常后再进行尝试。

8．结果验证

将程序烧写完成后，给 ZigBee 模块重新通电，在麦克风附近拍手，观察 LED1 灯的亮灭情况。在检测到拍手声音时，LED1 灯亮起，2s 后熄灭。

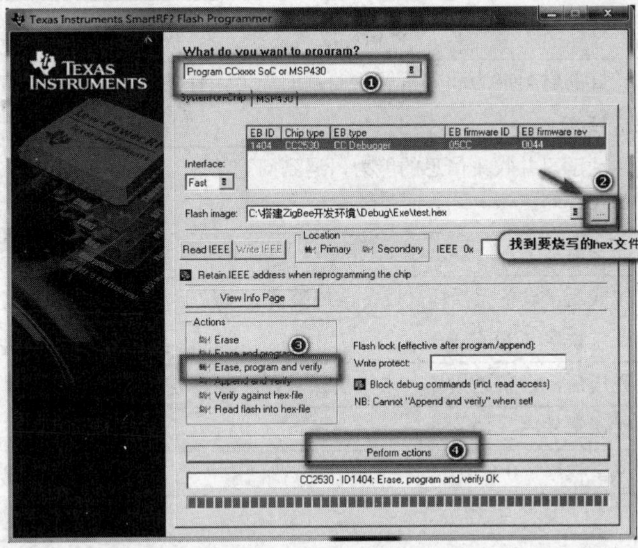

图 1-1-30　应用 SmartRF Flash Programmer 向单片机烧写程序

使用声音传感器控制楼道灯亮任务工单

本任务的任务工单如表 1-1-3 所示。

表 1-1-3　任务 1 的任务工单

项目 1　智能建筑传感器技术应用	任务 1　使用声音传感器控制楼道灯亮

一、本次任务关键知识引导

1．传感器是一种（　　）装置，主要完成特定的（　　）任务，能感受到被测信息并能将信息按一定规律变换成电信号或其他所需形式的信息输出，以满足信息（　　）、（　　）、（　　）、（　　）、记录和控制环节等要求。

2．传感器按输出信号的性质可分为（　　）、（　　）和（　　）三种。

3．传感器种类繁多，可根据（　　）、（　　）、（　　）、（　　）四条原则进行选择。

4．声音传感器按转换原理大体可分为（　　）、（　　）、（　　）三类。

二、任务检查与评价

评价方式		可采用自评、互评、教师评价等方式		
说　明		主要评价学生在项目学习过程中的操作技能、理论知识、学习态度、课堂表现、学习能力等		
序号	评价内容	评价标准	分值	得分
1	知识运用（20%）	掌握相关理论知识，完成本次任务关键知识引导的作答准确率（20分）	20 分	
2	专业技能（40%）	独立完成 CC2530 单片机的程序烧写（+5 分）	40 分	
		按任务要求完成实验并做好记录（+5 分）		
		深入思考，画出本实验的简易流程图（+10 分）		
		完成“连一连”中传感器的现场选型任务（+10 分）		
		联系选型场景，画出选型场景中传感器的工作框图（+10 分）		
3	核心素养（20%）	具有良好的自主学习、分析解决问题、帮助他人的能力，整个任务过程中指导过他人并解决过他人的问题（20 分）	20 分	

续表

序号	评价内容	评价标准	分值	得分
3	核心素养（20%）	具有较好的学习能力和分析解决问题的能力，任务过程中未指导过他人（15 分）	20 分	
		具有主动学习并收集信息的能力，遇到问题请教过他人并得以解决（10 分）		
		不主动学习（0 分）		
4	职业素养（20%）	实验完成后，设备无损坏、设备摆放整齐、工位区域内保持整洁、未干扰课堂秩序（20 分）	20 分	
		实验完成后，设备无损坏、未干扰课堂秩序（15 分）		
		未干扰课堂秩序（10 分）		
		干扰课堂秩序（0 分）		
总得分				

说明：评价表中 “专业技能”评价标准得分为各项分数的总和，共计 40 分。其他评价标准按达成程度直接得分。后面各任务评价表同样处理。

任务小结

知识与技能提升

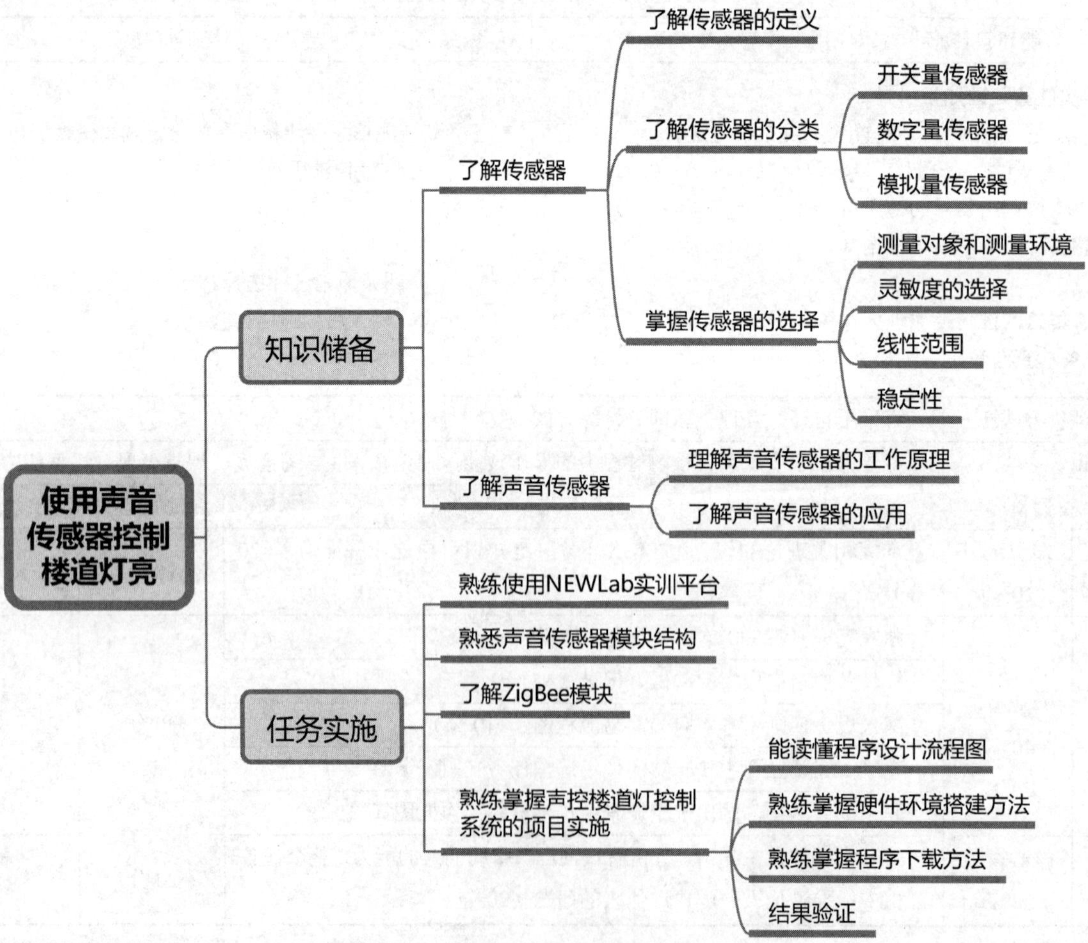

延伸阅读

声音传感器的组合应用产品——声学相机

多个声音传感器按照一定规律排列，以彩色等高线图的方式实现声音可视化，通过照片或视频的方式显示被测物的声音分布，这就是麦克风阵列（Microphone Array），也称为声学相机或声相仪。便携式 KeyVES-M、工业型 KeyVES-E、高性能阵列的图片及对应应用场景如图 1-1-31 所示。

声学相机可用于汽车、家电、机床、注塑机、发电机组等设备异响定位功能，还可以通过语音增强实现声源方位识别，如应用于移动机器人的声源方向定位、汽车违禁鸣笛抓拍系统等。

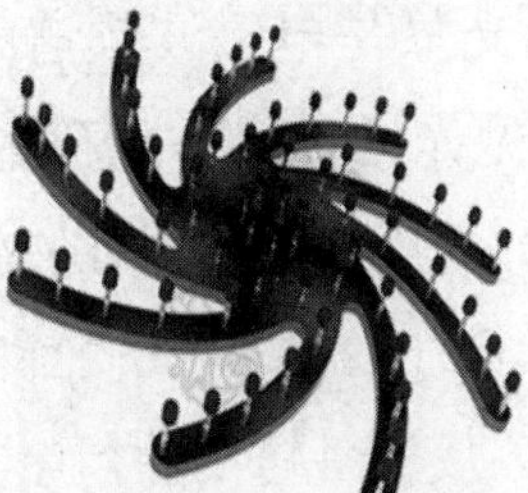

便携式 KeyVES-M

工业型 KeyVES-E

高性能阵列

汽车空调异音异响定位

移动机器人的声源方向定位

汽车违禁鸣笛抓拍系统

图 1-1-31　便携式 KeyVES-M、工业型 KeyVES-E、高性能阵列的图片及对应应用场景

任务2 使用光照度传感器控制楼道灯

任务描述与要求

任务描述：

楼道灯光开关系统经过加装声音传感器改装为声控后，给生活带来了极大的便利，受到了小区业主的一致好评。但小区物业提出了新的问题：在小区业主出入的时候，不论白天还是夜晚，只要有人关门、开门、上楼、下楼，楼道的灯就会自动亮起，白天亮灯既没有照明作用还浪费用电，不利于节能，小区物业希望有更好的解决方案。经过现场调研，承接改造公司打算使用光照度传感器，实现楼道灯光的光感自动控制。

任务要求：

- 使用 ZigBee 模块采集光照度传感器数据进行判断，当光照强度不足时，ZigBee 模块控制继电器模块打开照明灯模块。
- 完成测试程序的烧写，实现楼道灯通过光感自动控制。

知识储备

光作为一种电磁波，按频率从低到高分为有/无线电波、红外线、可见光、紫外线、X 射线、γ 射线等。人眼可以感知的可见光只是电磁波频谱中很小的一段，波长范围为 400～760nm。可见光频谱没有精确的范围。

光由具有一定能量的粒子（光子）组成，光照射在物体表面上时，物体受到一连串的光子轰击。光电效应就是金属内部的电子被光子“踢出来”而形成光电流的现象。从能量转换的角度来看，光电效应是光能转换为电能的过程。光电效应示意图如图 1-2-1 所示。

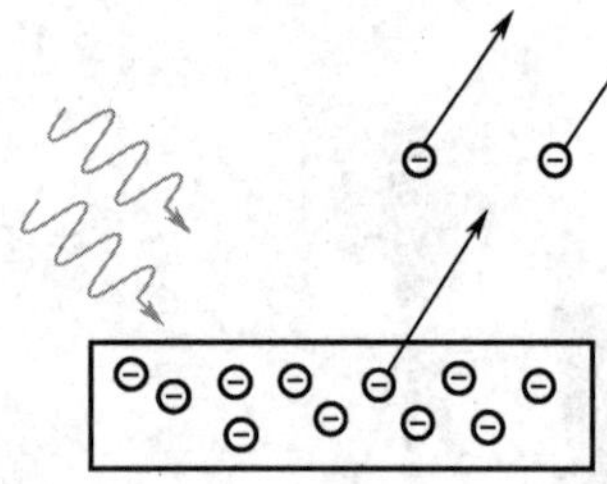

图 1-2-1　光电效应示意图

1．光照强度

光照强度（简称照度）表示物体表面积被照明的程度，即照射在单位面积上的光通量。光照强度的单位为 lx（勒克斯）。夏季在阳光直射下光照强度可达 60000～100000lx，没有太阳时室外光照强度为 1000～10000lx，室内光照强度为 100～550lx，夜间满月下光照强度为 0.2lx。白炽灯每瓦大约可发出 12.56lx 的光，荧光灯的发光效率是白炽灯发光效率的 3～4 倍。

2．光照强度的测量——光照度传感器

光照度传感器是利用光敏元件将光信号转换为电信号的传感器，具有非接触、响应快、性能可靠等特点，在自动控制和非电量电子技术中占有非常重要的地位。光照度传感器是目前产量最多、应用最广的传感器之一。

光照度传感器主要分为光电管、光电倍增管、光敏电阻、光敏三极管、太阳能电池、红外线传感器、紫外线传感器、光纤式光电传感器、色彩传感器、CCD（电荷耦合器件图像传感器）、CMOS 图像传感器等。国内主要生产厂商有上海欧光电子科技有限公司（OTRON）等。常见的光照度传感器如图 1-2-2 所示。

（1）光照度传感器的结构。

光照度传感器由敏感元件、转换元件、转换电路等组成，其中光敏材料为敏感元件，能根据不同波长的光线发生光电效应。光照度传感器有多种类型，常用的光照度传感器有光敏电阻、光敏二极管、光敏三极管等。

（2）光照度传感器的应用情况。

在工农业生产和日常生活中经常需要测量光照强度。例如，在智慧农业大棚中，需要将光

照强度控制在适合农作物生长的范围内。通过无线光照强度智能监测和控制系统，能够自动监测环境的光照强度，同时可以根据要求自动控制室内外遮阳、顶窗/侧窗开关、加温、补光等，实现信息化、智能化远程管理。图 1-2-3 所示为光照度传感器在农业大棚和生产照明中的典型应用场景。光照度传感器广泛适用于导弹制导、天文探测、光电自动控制、极薄零件厚度检测、光照量测量、光电计数及光电跟踪等场景。图 1-2-4 所示为手机光照度传感器。

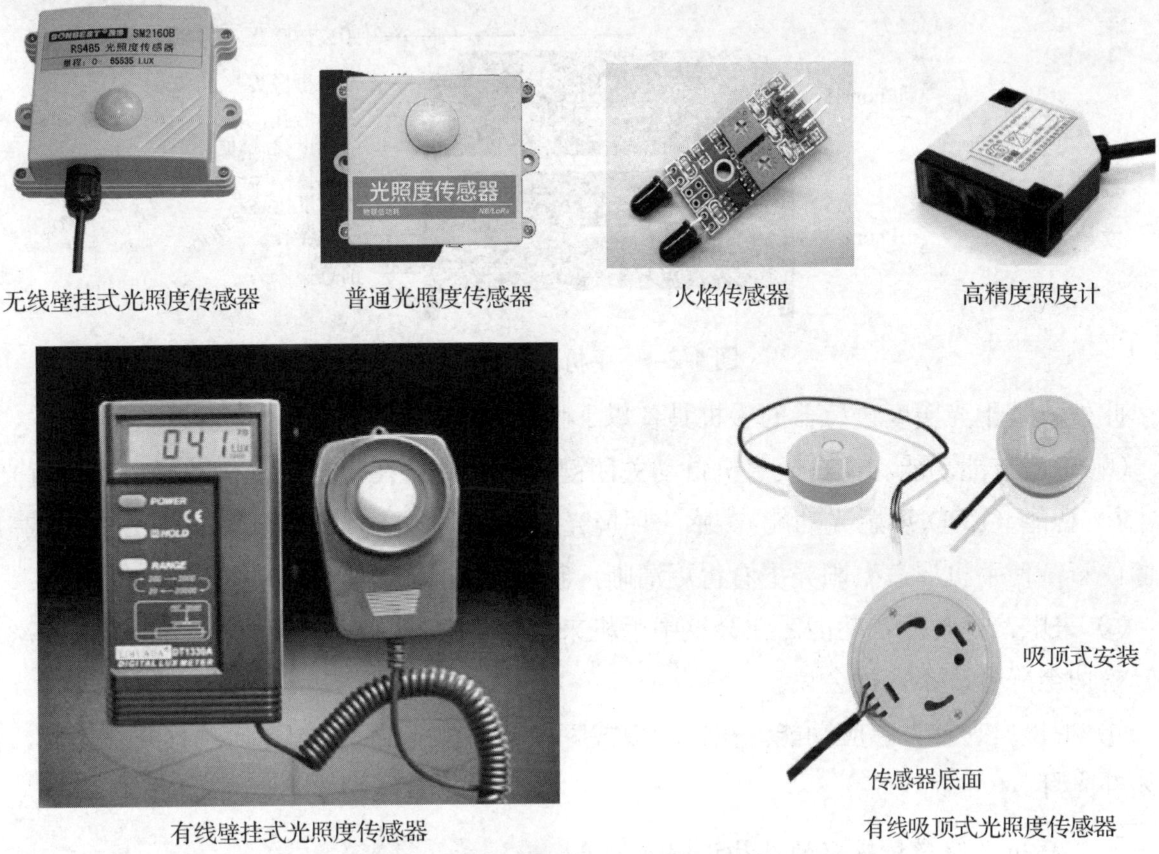

图 1-2-2　常见的光照度传感器

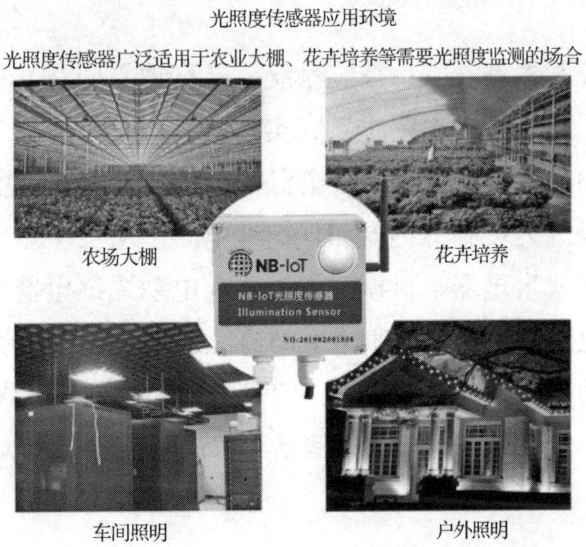

图 1-2-3　光照度传感器在农业大棚和生产照明中的典型应用场景

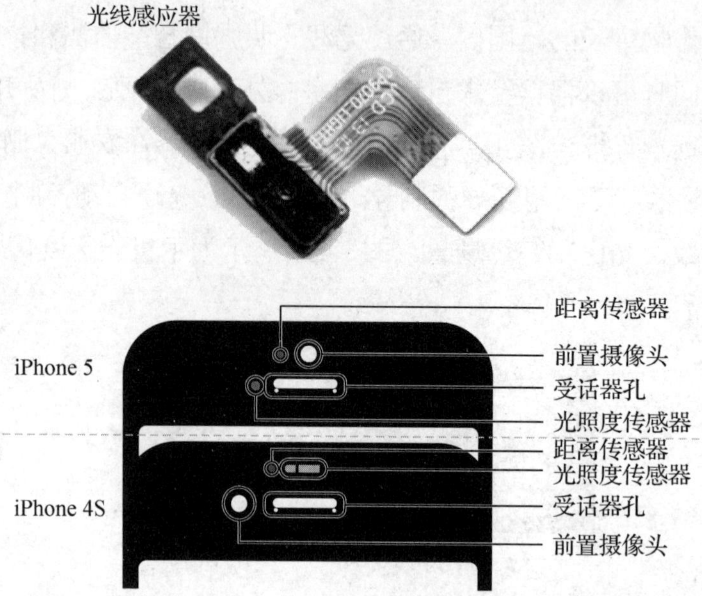

图 1-2-4　手机光照度传感器

此外，基于光照度传感器的手机具备以下特殊功能。

① 感应节能功能。在白天手机自动关闭键盘背光灯，在晚上手机自动开启键盘背光灯。

② 智能（LCD 屏感光功能）。感应环境光线的强弱，随时随地自动调节 LCD 屏亮度、图像色彩，使手机屏在太阳光下看得更清晰，晚上不刺眼，既保护视力又省电。

③ 来电铃声转静音功能。在会议中手机来电铃声突然响起，轻触光感 IC 窗口两次将手机轻松切至静音，不打扰会议。

④ 拍摄自动补光感应功能。在自动模式下拍照，由光感 IC 判定何时打开补光灯、何时关闭补光灯。

画一画　画出光照度传感器的结构框图。

3．继电器简介

继电器是一种电子控制器件，它由控制系统（又称输入回路）和被控制系统（又称输出回路）组成，通常应用于自动控制电路中。它实际上是用较小的电流去控制较大电流的一种“自动开关”，故在电路中起着自动调节、安全保护、转换电路等作用。

继电器从用途上可以分为控制继电器和保护继电器；从工作原理上可以分为电磁式继电器、感应式继电器、热敏式继电器、机械式继电器、电动式继电器和电子式继电器等；从动作时间上可分为瞬时继电器（动作时间小于 0.05s）、延时继电器（动作时间大于 0.15s）。

继电器是具有隔离功能的自动开关元件，广泛应用于遥控、遥测、通信及自动控制设备，是最重要的控制元件之一。作为控制元件，概括来讲，继电器有扩大控制范围、放大、自动、遥控、监测等作用。

连一连　如图 1-2-5 所示，为下面给出的 3 个应用场景选择合适的光照度传感器，并写出你是依据什么原则进行的选择。

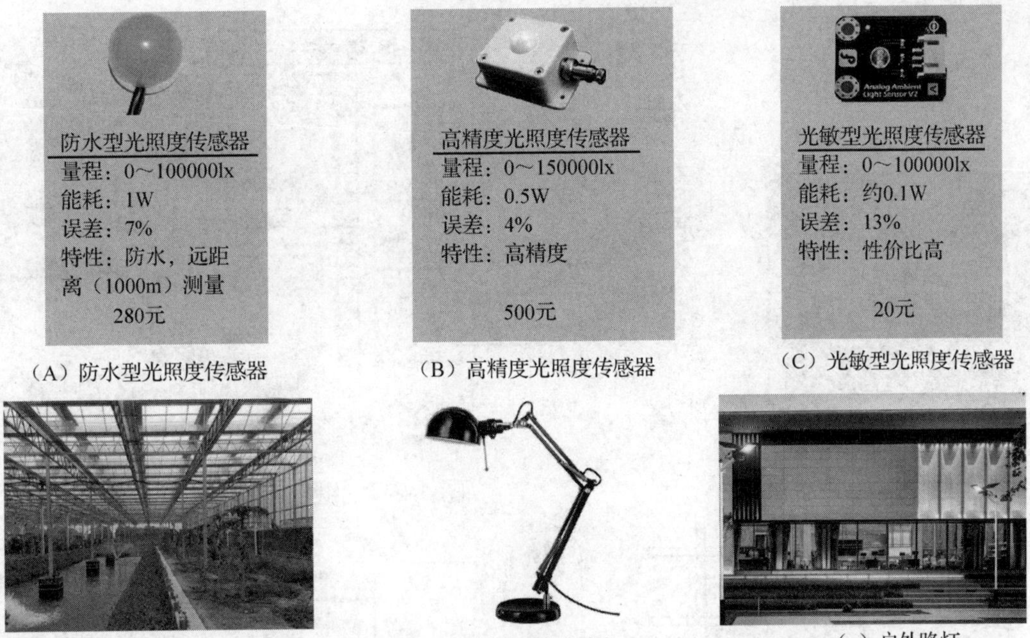

（A）防水型光照度传感器　（B）高精度光照度传感器　（C）光敏型光照度传感器

（a）农业大棚　（b）普通家用台灯　（c）户外路灯

图 1-2-5　选择合适的光照度传感器

任务实施

设备与资源准备

任务实施前必须先准备好以下设备和资源，如表 1-2-1 所示。

表 1-2-1　任务 2 需准备的设备和资源

序号	设备/资源名称	数量	是否准备到位（√）
1	ZigBee 模块	1 个	
2	CC Debugger 仿真器	1 个	
3	12V 照明灯模块	1 个	
4	继电器模块	1 个	
5	光照度传感器模块	1 个	
6	NEWLab 实训平台	1 个	

1. 光照度传感器和继电器模块认识

光照度传感器模块如图 1-2-6 所示，将其直接插在 ZigBee 模块上使用即可。

继电器模块如图 1-2-7 所示，它由 2 个继电器组成。

本项目继电器的原理图如图 1-2-8 左图所示，当端口 1 和端口 2 的接入端没有电时，电磁铁没有磁性，衔铁在弹簧的作用下，使端口 3 和端口 4 导通；当端口 1 和端口 2 的接入端有电时，电磁铁拥有磁性，衔铁被电磁铁吸附下来，使端口 3 和端口 5 导通。因此可以看出，端口 1、端口 2 为继电器的控制端（输入端），端口 3、端口 4 和端口 5 为被控端（输出端），其中端口 3 为公共端，由于继电器端口 1、端口 2 通常处于没有电的状态，所以通常情况下，继电器端口 3、端口 4 是一直导通的，也可以称端口 3、端口 4 是闭合的，所以端口 4 被称为常闭端，相对应的端口 5 被称为常开端。

图 1-2-6　光照度传感器模块

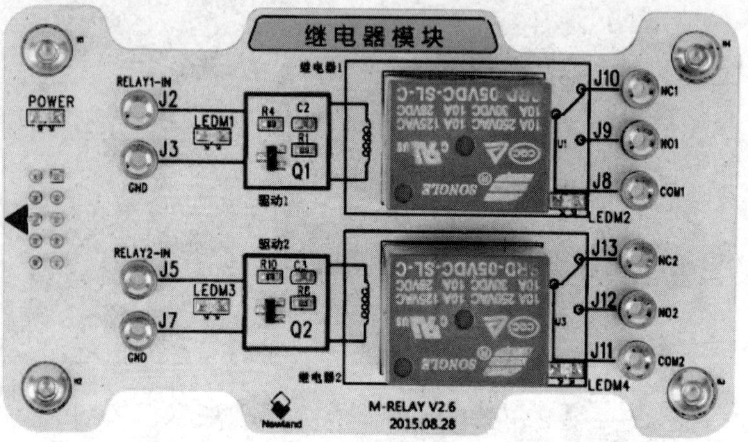

图 1-2-7　继电器模块

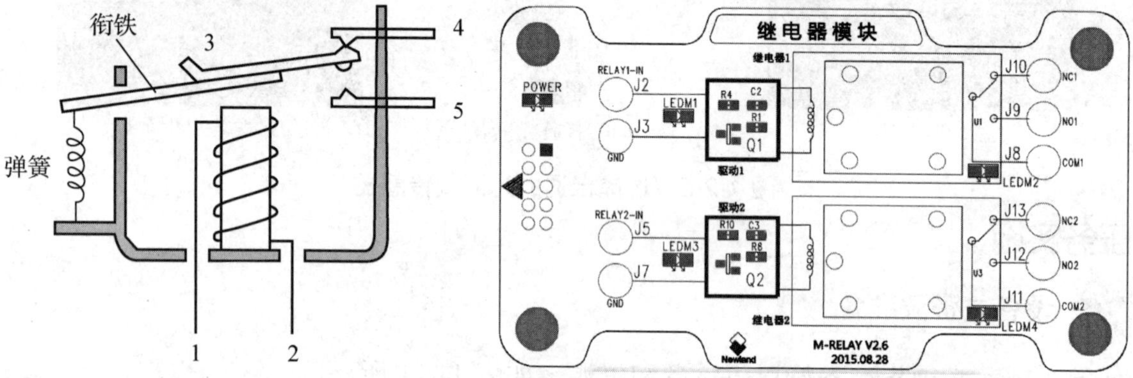

图 1-2-8　本项目继电器原理图与继电器模块示意图

想一想　如果想使图 1-2-8 左图的端口 3 和端口 5 导通（闭合），你应该怎么做？

现在将继电器原理图和继电器模块示意图组合在一起，端口 1 对应在示意图中就是 J2（继电器 1）、J5（继电器 2），端口 2 对应在示意图中就是 J3（继电器 1）、J7（继电器 2），端口 3 对应在示意图中就是 J8（继电器 1）、J11（继电器 2），端口 4 对应在示意图中就是 J10（继电器 1）、J13（继电器 2），端口 5 对应在示意图中就是 J9（继电器 1）、J12（继电器 2）。

2. 光控楼道灯光系统结构分析

光控楼道灯光模拟系统如图 1-2-9 所示，系统由光照度传感器模块、ZigBee 模块、继电器模块等硬件系统组成。其中 NEWLab 实训平台为两个模块供电，ZigBee 模块通过光照度传感器实时读取所在环境的光照值，将这个光照值与程序中所设置的阈值进行比较，如果光照值大于阈值，则 ZigBee 模块控制继电器熄灭 LED 灯；如果光照值小于阈值，则 ZigBee 模块控制继电器模块点亮 LED 灯，延时一段时间后，LED 灯自动熄灭。

3. 光控楼道灯光系统程序设计流程图

光控楼道灯光系统使用了光照度传感器进行光照度数据的模拟量输出、CC2530 单片机的串口通信寄存器、ADC 相关寄存器，采用异步通信模式将数据通过串口发送至计算机。代码涉及 AD 初始化函数、UART 初始化函数、串口发送函数和 AD 转换函数等。光控楼道灯光系统程序设计流程图如图 1-2-10 所示。

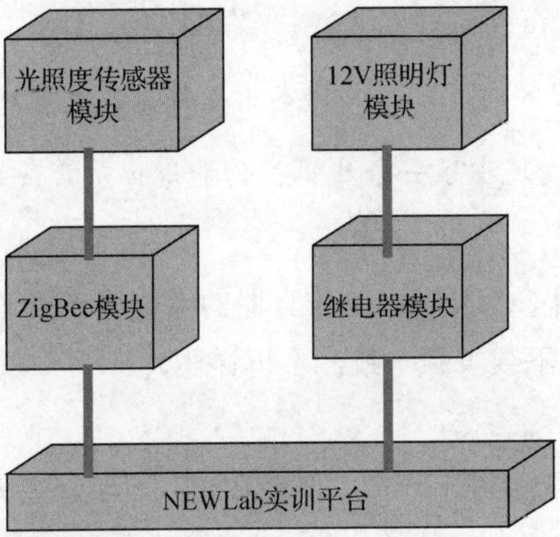

图 1-2-9 光控楼道灯光模拟系统

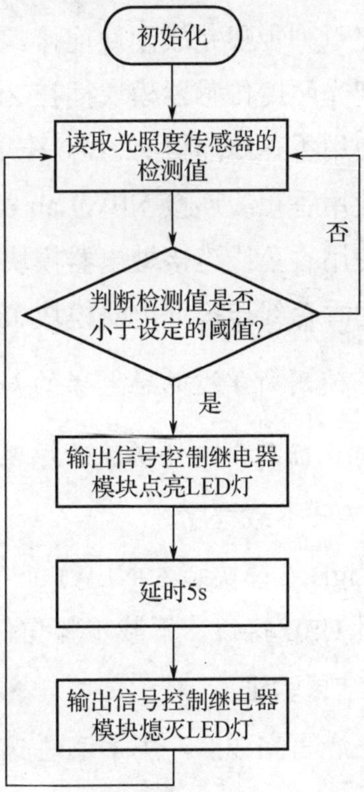

图 1-2-10 光控楼道灯光系统程序设计流程图

4．硬件环境搭建

本任务的硬件连线图如图 1-2-11 所示。

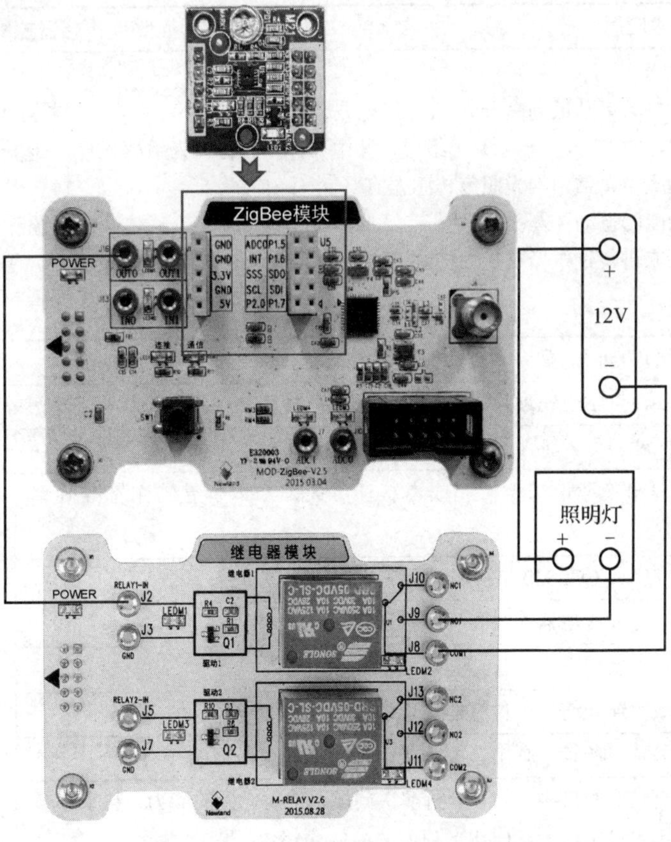

图 1-2-11 本任务的硬件连线图

按照下列步骤完成硬件连接。

- 把光照度传感器模块插在 ZigBee 模块上。
- 使用香蕉线连接 ZigBee 模块 OUT0 端和继电器模块 J2 端。
- 使用香蕉线连接 NEWLab 实训平台 12V“+”端和照明灯“+”端。
- 使用香蕉线连接继电器模块 J9 端和照明灯“-”端。
- 用香蕉线连接继电器模块 J8 端和 NEWLab 实训平台 12V“-”端。

画一画 使用所学过的继电器的知识，在图 1-2-8 的基础上画出本次硬件搭建的原理图。

想一想 正确画出硬件搭建的原理图后，你能发现少了一条线吗？你能说出是哪条线吗？

5．IAR 下载程序

把 ZigBee 模块装入 NEWLab 实训平台，用 CC Debugger 仿真器的下载线连接 ZigBee 模块至主机 USB 接口。下载步骤与任务 1 中程序下载步骤一致，不再详述。

6．结果验证

程序烧写完成后，用手遮住光照度传感器，照明灯亮起；将手拿开，照明灯熄灭。

使用光照度传感器控制楼道灯亮任务工单

本任务的任务工单如表 1-2-2 所示。

表 1-2-2　任务 2 的任务工单

项目 1　智能建筑传感器技术应用	任务 2　使用光照度传感器控制楼道灯亮

一、本次任务关键知识引导

1．光作为一种（　）波，按频率从低到高分为有/无线电波、（　）、（　）、（　）、X 射线、γ 射线等。

2．光照度传感器由（　）、（　）、（　）等组成，其中（　）材料为敏感元件，能根据不同波长的光线发生光电效应。光照度传感器有多种类型，常用的光照度传感器有（　）、（　）、（　）等。

3．继电器是具有（　）功能的自动（　）元件，广泛应用于遥控、遥测、通信及自动控制设备，是最重要的控制元件之一。作为控制元件，概括来讲，继电器有扩大控制范围、（　）、（　）、（　）、（　）等作用。

二、任务检查与评价

评价方式		可采用自评、互评、教师评价等方式		
说　明		主要评价学生在项目学习过程中的操作技能、理论知识、学习态度、课堂表现、学习能力等		
序号	评价内容	评价标准	分值	得分
1	知识运用（20%）	掌握相关理论知识，完成本次任务关键知识引导的作答准确率（20 分）	20 分	
2	专业技能（40%）	独立完成 CC2530 单片机的程序烧写（+5 分）	40 分	
		独立完成继电器连线和环境搭建（+5 分）		
		按任务要求完成实验并做好记录（+10 分）		
		完成“连一连”中传感器的现场选型任务（+10 分）		
		联系选型场景，画出选型场景中传感器的工作框图（+10 分）		
3	核心素养（20%）	具有良好的自主学习、分析解决问题、帮助他人的能力，整个任务过程中指导过他人并解决过他人的问题（20 分）	20 分	

续表

序号	评价内容	评价标准	分值	得分
3	核心素养（20%）	具有较好的学习能力和分析解决问题的能力，任务过程中未指导过他人（15分）	20分	
		具有主动学习并收集信息的能力，遇到问题请教过他人并得以解决（10分）		
		不主动学习（0分）		
4	职业素养（20%）	实验完成后，设备无损坏、设备摆放整齐、工位区域内保持整洁、未干扰课堂秩序（20分）	20分	
		实验完成后，设备无损坏、未干扰课堂秩序（15分）		
		未干扰课堂秩序（10分）		
		干扰课堂秩序（0分）		
总得分				

任务小结

知识与技能提升

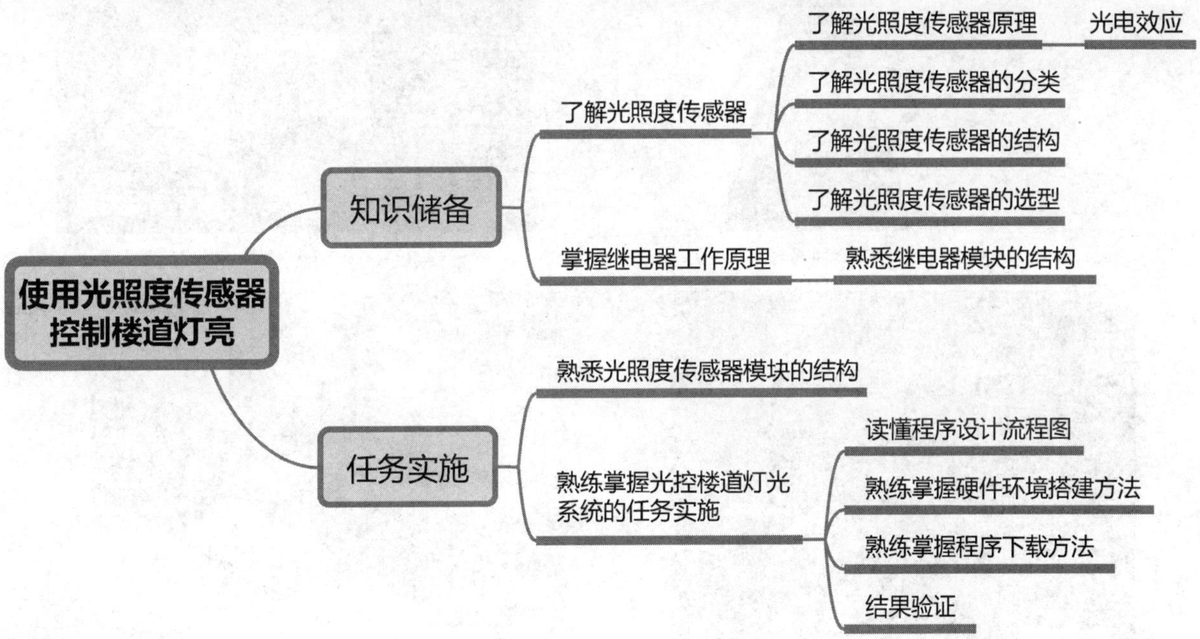

知识拓展

数据采集系统

所有信号都是随时间的改变而改变的。自然界中信号类型广泛，如状态、速率、电平、形状、频率等。根据信号承载信息方式的不同可以将信号分为模拟信号或数字信号，两类信号的时变特性如图1-2-12所示。数字信号是幅值离散的信号，易于存储，便于逻辑计算，抗干扰能力强；模拟信号是信号波形随模拟信息的变化而变化，主要特征是在幅值上连续，在时间上可连续也可不连续的信号，分辨率高，难存储，抗干扰能力弱。

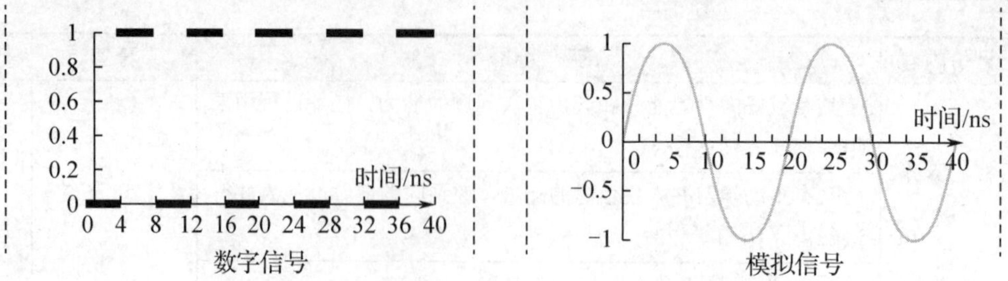

图 1-2-12　模拟信号和数字信号的时变特性

延伸阅读

光敏传感器的其他应用场景

光敏传感器除了常见的光敏二极管、光敏三极管、光敏电阻等器件，还有光电耦合器、光电断路器、光电池、红外热释电传感器等，被广泛应用在光电开关、产品计数、太阳能电池、人体感应报警等产品中。光敏传感器的其他应用场景如图 1-2-13 所示。

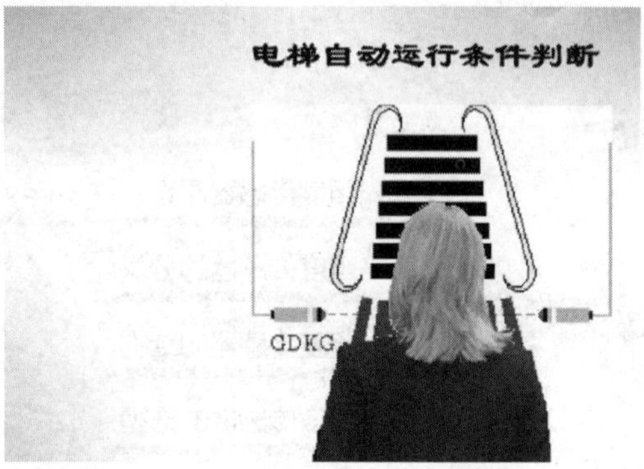

（a）扶梯自动运行控制系统

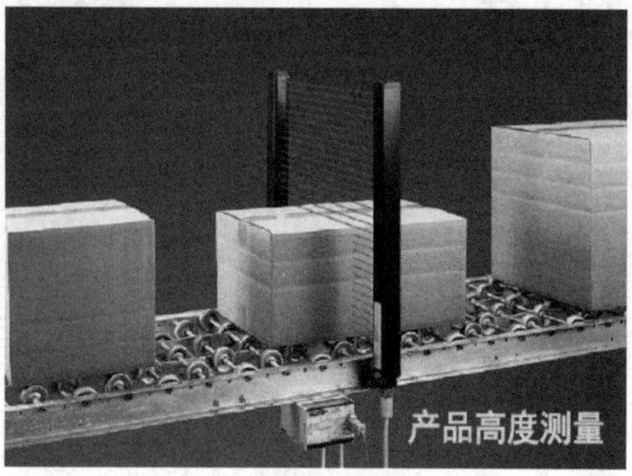

（b）产品高度检测器

（c）光幕防盗系统

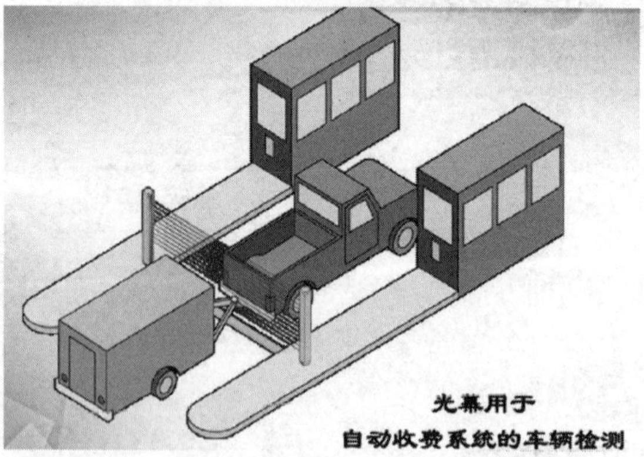

（d）自动收费系统光幕车辆检测

图 1-2-13　光敏传感器的其他应用场景

任务3 使用声音、光照度传感器实现楼道灯光控制

任务描述与要求

任务描述：

在完成使用光照度传感器控制楼道灯光后，承接公司打算将声音传感器和光照度传感器综合起来完成控制楼道灯光任务，综合利用两种传感器的特点，让小区楼道照明更加智能化，在达到小区业主要求的同时更加节能减耗。当楼道光线充足的时候，不论声音传感器是否被触发，灯都不会亮；当楼道光线不充足时，声音传感器一旦被触发，灯就会亮。

任务要求：

- 综合使用声音、光照度传感器，实现楼道灯光的开关控制。
- 用串口实现光照度传感器数据的采集及显示。
- 完成测试程序的烧写，实现楼道灯光通过光感自动控制。

任务实施

设备与资源准备

任务实施前必须先准备好以下设备和资源，如表1-3-1所示。

表1-3-1 任务1需准备的设备和资源

序号	设备/资源名称	数量	是否准备到位（√）
1	ZigBee模块	1个	
2	CC Debugger仿真器	1个	
3	12V照明灯模块	1个	
4	继电器模块	1个	
5	光照度传感器模块	1个	
6	声音传感器模块	1个	
7	NEWLab实训平台	1个	

1. 声光控楼道灯光系统结构分析

声光控楼道灯光系统由声音传感器模块、光照度传感器模块、ZigBee模块、NEWLab实训平台、继电器模块、12V照明灯模块等硬件系统组成。其中声音传感器采集环境中的声音产生开关量数据，光照度传感器采集光照强度经过ADC寄存器的处理转换成单片机能够识别的数字信号，二者经CC2530单片机处理后智能控制12V照明灯模块点亮。声光控楼道灯光开关模拟系统如图1-3-1所示。

2．声光控楼道灯光系统原理

在本任务搭建的声光控楼道开灯模拟系统中使用 12V 照明灯模拟楼道灯，CC2530 单片机首先采集光照度传感器模块输出的信号，并用 CC2530 单片机内的 ADC 进行转换后读取光照值，判断光照值是否达到了阈值；当光照值没有达到阈值时，CC2530 单片机再采集声音传感器信号，这时声音传感器信号被检测到，则 CC2530 单片机控制继电器模块开启 12V 照明灯。声光控楼道灯光系统程序设计流程图如图 1-3-2 所示。

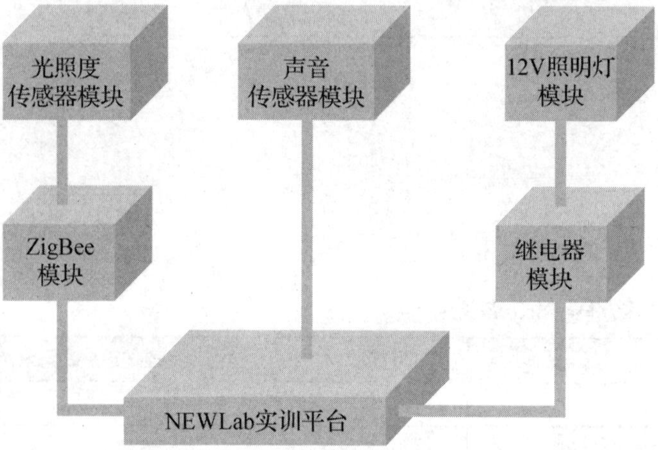

图 1-3-1　声光控楼道灯光开关模拟系统

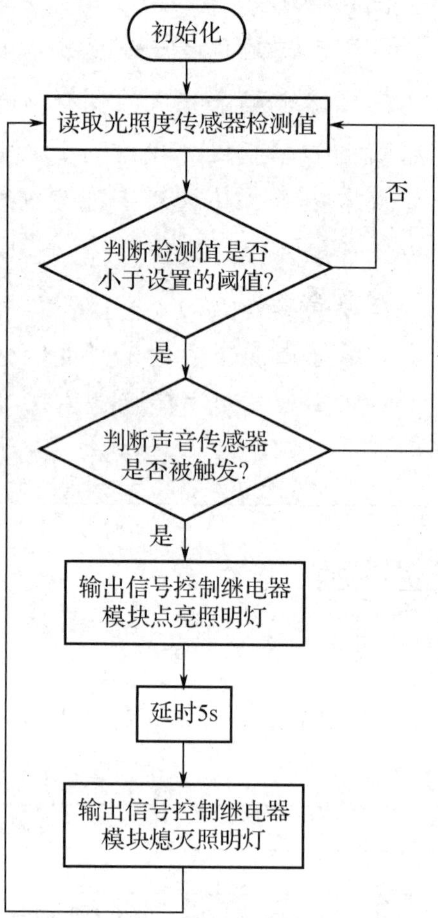

图 1-3-2　声光控楼道灯光系统程序设计流程图

3．硬件环境搭建

可以发现，本任务就是将任务 1、任务 2 两个任务的硬件环境搭建组合到一起了，可按照下列步骤完成硬件连接。

- 把光照度传感器模块插在 ZigBee 模块上。
- 使用香蕉线连接 ZigBee 模块 IN0 端和声音传感器模块比较输出测试端口 J3。
- 使用香蕉线连接 ZigBee 模块 OUT0 端和继电器模块 J2 端。
- 使用香蕉线连接 NEWLab 实训平台 12V“+”端和照明灯“+”端。
- 使用香蕉线连接继电器模块 J9 端和照明灯“−”端。
- 使用香蕉线连接继电器模块 J8 端和 NEWLab 实训平台 12V“−”端。

4．IAR 下载程序

把 ZigBee 模块安装在 NEWLab 实训平台底座上，用 CC Debugger 仿真器的下载线连接 ZigBee 模块至主机 USB 接口，完成程序向单片机的烧写下载，步骤同任务 1。

5．结果验证

首先对声音传感器进行触发（击掌或敲击物品均可），12V 照明灯模块不亮；然后遮住光照度传感器，再次对声音传感器进行触发，12V 照明灯模块点亮，延时 5s 后，12V 照明灯模块自动熄灭。

画一画 画出智能楼道灯光控制的整体工作流程图。

使用声音、光照度传感器实现楼道灯光控制任务工单

本任务的任务工单如表 1-3-2 所示。

表 1-3-2　任务 3 的任务工单

项目 1　智能建筑传感器技术应用		任务 3　使用声音、光照度传感器实现楼道灯光控制		
任务检查与评价				
评价方式		可采用自评、互评、教师评价等方式		
说　明		主要评价学生在项目学习过程中的操作技能、理论知识、学习态度、课堂表现、学习能力等		
序号	评价内容	评价标准	分值	得分
1	专业技能（60%）	独立完成 CC2530 单片机的程序烧写（+5 分）	60 分	
		独立完成继电器连线和环境搭建（+5 分）		
		按任务要求完成实验并做好记录（+10 分）		
		深入理解，综合所学知识，画出声光楼道控制器工作框图（+10 分）		
		每个学习小组选出一人进行汇报，要求按照格式，声音洪亮，吐字清晰（小组其他同学得到汇报同学一半的分数）（+30 分）		
2	核心素养（20%）	具有良好的自主学习、分析解决问题、帮助他人的能力，整个任务过程中指导过他人并解决过他人的问题（20 分）	20 分	
		具有较好的学习能力和分析解决问题的能力，任务过程中未指导过他人（15 分）		
		具有主动学习并收集信息的能力，遇到问题请教过他人并得以解决（10 分）		
		不主动学习（0 分）		
3	职业素养（20%）	实验完成后，设备无损坏、设备摆放整齐、工位区域内保持整洁、未干扰课堂秩序（20 分）	20 分	
		实验完成后，设备无损坏、未干扰课堂秩序（15 分）		
		未干扰课堂秩序（10 分）		
		干扰课堂秩序（0 分）		
总得分				

任务小结

设备与资源准备

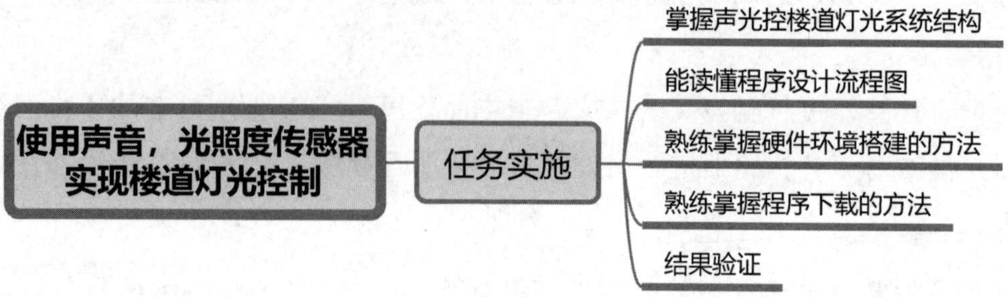

延伸阅读

现实生活中的声光控制器

目前，市场上的声光控开关大多采用模拟电子技术，分立元件多、工作性能不稳定、平均使用寿命不长。如果采用继电器虽可控制较多的负载，但是因为频繁开关时启动电流非常大，易导致功率元件可控硅因过载而损坏。

利用单片机设计出的声光双控开关系统，不仅使硬件设备具有可扩展性，还可以直接用程序实现通断、延时等自动控制，在使用过程中更加安全、节能、智能、便捷。实验室中用单片机制作的声光控开关和市场上销售的声光控开关分别如图 1-3-3 和图 1-3-4 所示。

图 1-3-3　实验室中用单片机制作的声光控开关

图 1-3-4　市场上销售的声光控开关

基于 ZigBee 模块的 CC2530 技术的智能灯光控制系统应用十分广泛，在商业楼宇自动化、家庭自动化控制与仪表控制方面有着举足轻重的地位。商业大楼可以利用 ZigBee 模块的主动组网技术完成自动控制，管理员也可以利用这个技术有效地管理空调、灯光、火灾感应系统等各项开关控制系统，从而达到减少能源费用、减少管理人力等节约的目的。智能灯光控制系统只是智能家居系统的一部分，智能家居系统还可以进行电视的开关、空调温度的调节、冰箱温度的自动控制等。同时，智能家居系统具有安防功能，在家庭中安装无线传感器来监控各种不同情况，一旦侦查到异状就自动发出警告。综上，智能家居系统给我们的日常生活带来了便捷、经济、环保和安全。

项目 2

智能家居传感器技术应用

项目学习目标

1. 知识目标

- 了解热电传感技术的概念及热敏电阻的分类、应用领域。
- 了解红外传感技术的概念和分类。
- 了解湿度、相对湿度、绝对湿度的概念。
- 了解湿敏元件的概念和分类。
- 了解霍尔效应的概念，以及霍尔传感器的分类。
- 了解温湿度传感器、红外对射光电传感器和霍尔传感器的结构。

2. 技能目标

- 能够辨识温湿度传感器、红外对射光电传感器和霍尔传感器。
- 能依据需求进行温湿度传感器、红外对射光电传感器和霍尔传感器的选型。
- 熟练掌握 CC2530 单片机程序下载方法。
- 掌握串口调试助手的配置使用方法。
- 能够综合使用温湿度传感器、红外对射光电传感器、霍尔传感器、继电器和执行器完成智能家居空调、加湿器联动系统场景的模拟搭建。

3. 素养目标

- 进一步培养安全用电、节能的工作意识。
- 进一步培养规范操作、按需取材的工作习惯。
- 初步培养良好的团结协作、沟通交流和书面表达能力。

引导案例

从古至今，人类都非常重视居住环境，并不断改进和升级居住环境。随着社会的进步与科技的发展，人类已步入信息科技时代，对居住环境也提出了更高的要求——智能、安全、温馨舒适，由此诞生了智能家居（Smart Home）。

智能家居系统如图 2-0-1 所示，以住宅为平台，借助先进的物联网技术、网络通信技术、智能控制技术以及传感器技术等，将与人们生活息息相关的各个子系统，如环境监测、家电控制以及楼宇对讲等，整合为一个相互关联的整体，实现设备的自动化控制、信息的自动化管理，以及安全保护等功能。

图 2-0-1　智能家居系统

项目概述

本项目使用 NEWLab 实训平台中的温湿度传感器模块、红外光电传感器模块和霍尔传感器模块来采集环境信息，用以 CC2530 单片机为核心的 ZigBee 模块通过继电器模块控制风扇模块，模拟搭建的智能家居系统。用温湿度传感器、红外对射光电传感器和霍尔传感器采集数据并输入单片机，温湿度数据经串口通信发送到计算机实时显示。本项目中有两个风扇模块，一个用于模拟空调，另一个用于模拟加湿器，分别设定温度和湿度的阈值。当检测温度高于温度阈值时，模拟空调的风扇模块 1 转动，代表空调启动制冷，反之，风扇模块 1 停止，代表空调停止制冷；当检测湿度低于湿度阈值时，模拟加湿器的风扇模块 2 转动，代表加湿器工作，反之，风扇模块 2 停止，代表加湿器停止工作；当检测湿度高于湿度阈值时，模拟空调的风扇模块 1 转动，代表空调正在制冷。当空调工作时，检测到红外对射光电传感器信号，模拟空调的风扇模块 1 立刻停止工作；当加湿器工作时，检测到霍尔传感器信号，模拟加湿器的风扇模块 2 立刻停止工作。

本项目综合运用了 CC2530 单片机在 NEWLab 实训平台上模拟智能家居空调和加湿器联动的效果，智能家居系统结构图如图 2-0-2 所示。

本项目分为 6 个任务，任务 1 使用温度传感器控制空调启停；任务 2 使用红外对射光电传感器控制空调启停；任务 3 智能空调联动系统，即综合使用温度传感器和红外对射光电传感器控制空调启停；任务 4 使用湿度传感器控制加湿器启停；任务 5 使用霍尔传感器控制加湿器启停；任务 6 智能家居联动系统，即综合使用温湿度传感器、红外对射光电传感器、霍尔传感器控制空调、加湿器启停。

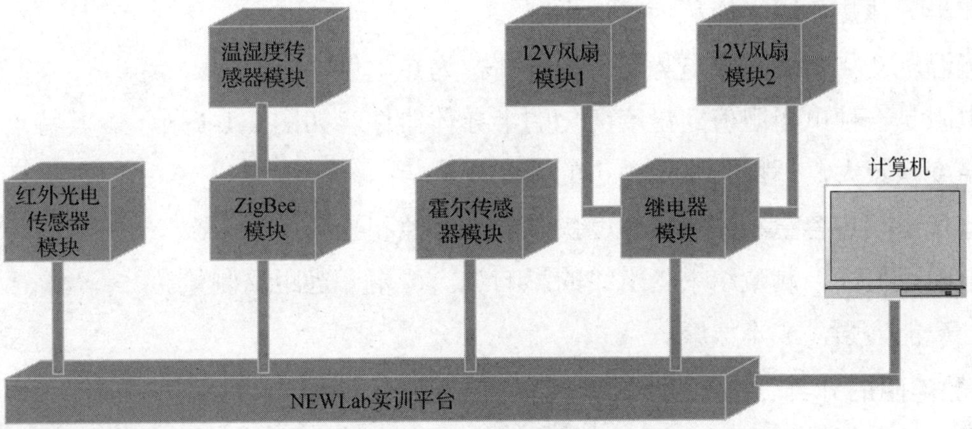

图 2-0-2 智能家居系统结构图

任务 1 使用温度传感器控制空调启停

任务描述与要求

任务描述：

随着智能家居技术越来越成熟，智能家居的便捷与智能打动着人们的心。小新是一个电子爱好者，他购买了温湿度传感器、红外对射光电传感器、霍尔传感器，打算对卧室的空调和加湿器等电子设备进行智能化改造，初步搭建智能家居系统。小新准备使用温湿度传感器采集温度数据，并将温度数据上传至智能家居处理系统，该系统依据小新设定的阈值控制空调的启停，并将温度数据上传至小新的手机。

任务要求：

- 应用 ZigBee 模块搭建温度控制空调启停模拟系统。
- 使用温湿度传感器模块采集室内的温度值。
- 通过 ZigBee 模块读取温度值，完成程序烧写，实现温度控制空调启停系统。

知识储备

1. 热电传感技术简介

热电传感技术是利用热敏元件电参量随温度变化的特点，对温度进行检测的技术。

热电式温度传感器的核心部件是热敏元件。

热敏元件有两种：

（1）将温度变化转换为电阻变化的器件称为热电阻，热电阻又分为金属热电阻（简称为热电阻）和半导体热电阻（简称为热敏电阻）。

（2）将温度变化转换为热电势变化的器件称为热电偶。

热敏电阻是一种电阻阻值随温度变化的半导体器件，如图 2-1-1 所示。其特点如下。

（1）温度系数大，适用于测量微小的温度变化。

（2）体积小、热容量小、响应速度快，能在空隙和狭缝中测量。

（3）电阻阻值高，测量结果受引线的影响小，可用于远距离测量。

（4）过载能力强，成本低廉。

2. 热敏电阻的分类

热敏电阻按电阻温度特性分为三类，如图 2-1-2 所示。

正温度系数热敏电阻，此类热敏电阻的阻值随着温度升高而增大，简称 PTC。

负温度系数热敏电阻，此类热敏电阻的阻值随着温度升高而减小，简称 NTC。

临界负温度系数热敏电阻，此类热敏电阻的阻值在某段温度下急剧减小，简称 CTR。

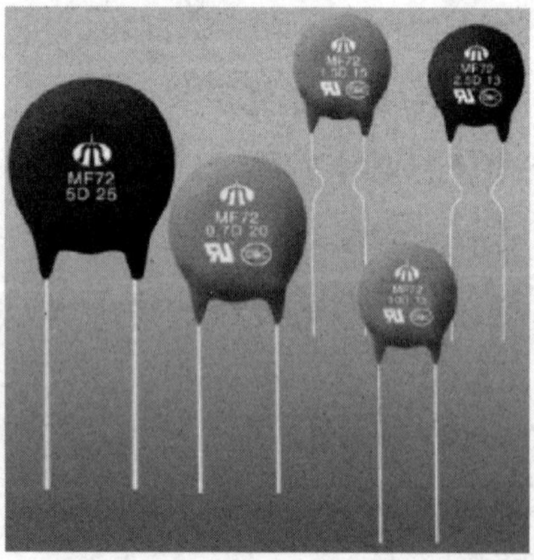

图 2-1-1 热敏电阻

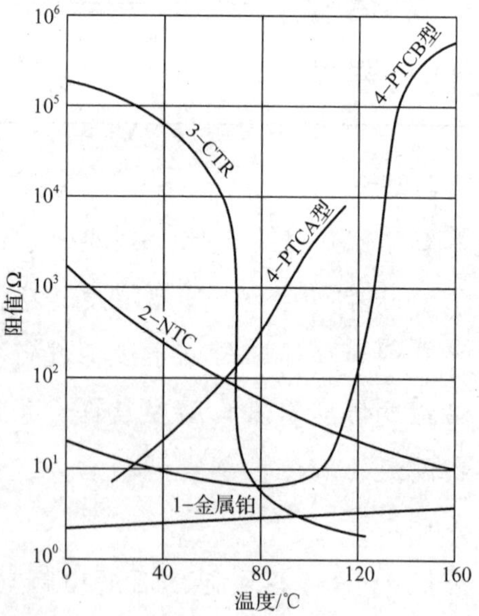

图 2-1-2 三类热敏电阻温度曲线

注意：在图 2-1-2 中，1-金属铂曲线是普通金属热电阻（金属铂）的阻值随温度变化的曲线。可以看出其阻值随温度的升高而缓慢增加。图中以 1-金属铂曲线为基准，来对比三类热敏电阻的阻值随温度变化而显著变化的特性。

3. 温度传感器的应用

（1）工业领域。在工业生产中，温度传感器可以用于测量各种物质的温度，控制加热和冷却设备的工作。例如，在钢铁工业中，温度传感器可以用于测量炉温，实现炉温的自动控制，提高生产效率和产品质量。在化工工业中，温度传感器可以用于监测反应器中的温度，保证反应的安全和稳定。

（2）医疗领域。在医疗领域中，温度传感器可以用于测量人体温度。例如，在体温计中，温度传感器可以测量人体的口腔或腋下温度，帮助医生诊断疾病。此外，温度传感器还可以用于医疗设备中，如血液透析机、呼吸机等的温度控制。

（3）汽车电子领域。汽车电子领域是温度传感器的重要应用领域之一。汽车中的许多系统都需要用温度传感器来监测和控制温度，例如，发动机冷却系统、空调系统、座椅加热系统等。

（4）消费电子领域。消费电子领域也是温度传感器的重要应用领域之一。例如，智能手机、平板电脑、笔记本电脑等设备中都可能使用温度传感器来监测和控制设备的温度。

（5）环境监测领域。环境监测领域也是温度传感器的重要应用领域之一。例如，气象站、环境监测站等都需要使用温度传感器来监测环境温度的变化。

总的来说，温度传感器的应用领域非常广泛，几乎涉及各个领域。

画一画　画出温度传感器的组成框图。

连一连　如图 2-1-3 所示，为下面给出的 3 个应用场景选择合适的温度传感器，并写出你是依据什么原则进行的选择。

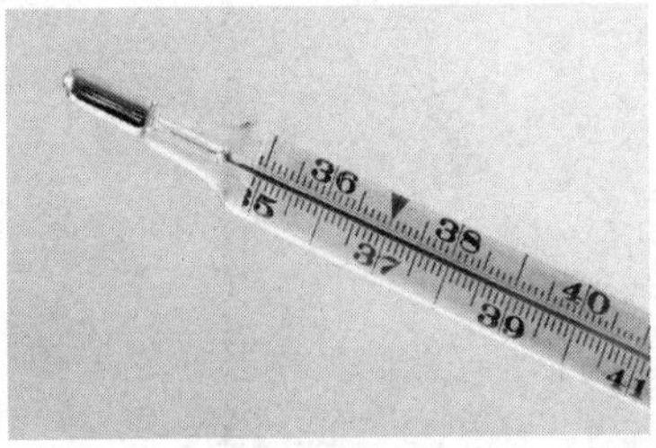

（A）体温计

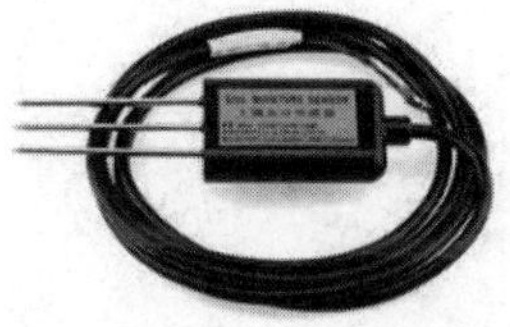

（B）土壤测温计

（C）水温计

（a）大棚土壤温度

（b）泳池水温

（c）发烧时的体温

图 2-1-3　选择合适的温度传感器

任务实施

设备与资源准备

任务实施前必须准备好以下设备和资源，如表 2-1-1 所示。

表 2-1-1　任务 1 需准备的设备和资源

序号	设备/资源名称	数量	是否准备到位（√）
1	ZigBee 模块	1 个	
2	CC Debugger 仿真器	1 个	
3	12V 风扇模块	1 个	
4	继电器模块	1 个	
5	温湿度传感器模块	1 个	
6	上位机	1 台	
7	NEWLab 实训平台	1 个	

1．串口调试工具认知

串口调试工具可以在计算机上模拟串口的数据收发功能，方便了解软件在串口传输过程中是否可以正常工作。串口调试工具广泛应用于产品出厂调试、后期设备维护、后期设备运行串口测试、单片机控制领域的数据监控、数据采集、数据分析等工作。常用的串口调试工具包括串口调试助手（见图 2-1-4）和串口监控器等。

图 2-1-4　串口调试助手

串口调试助手使用方法如下。

① 双击 ComMonitor.exe 软件，软件不用安装，启动可直接进入调试主界面。

② 依次设置波特率、校验位、数据位、停止位等参数，单击“打开”按钮。

③ 此时如果串口接收到数据，则可在串口调试助手的工作界面看到接收到的数据信息，如图 2-1-5 所示。

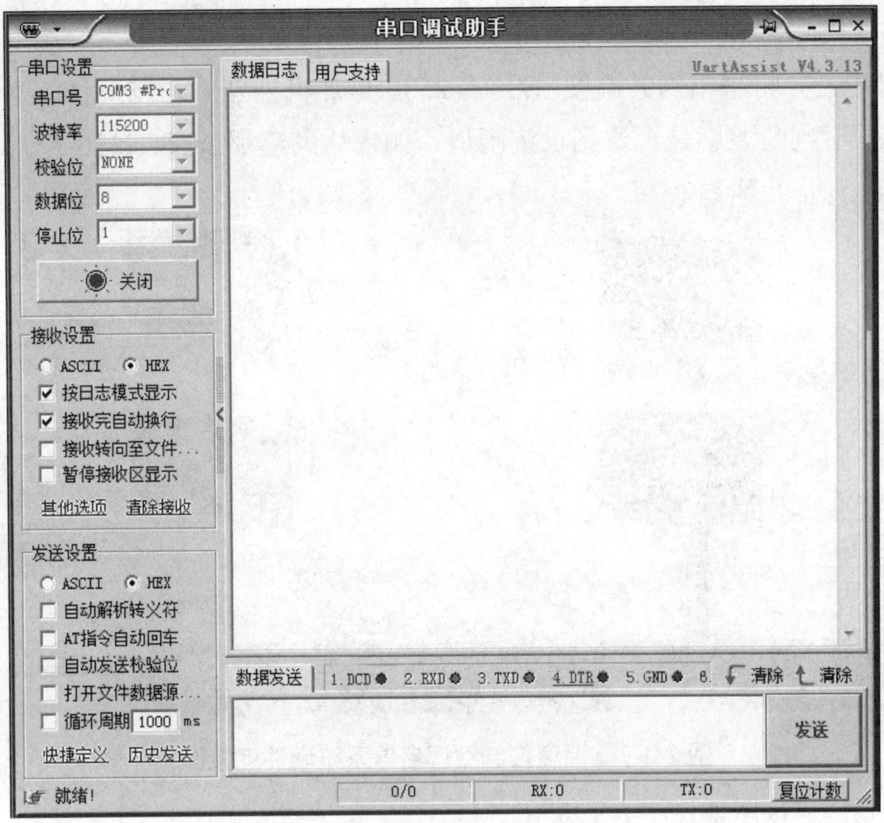

图 2-1-5 串口调试助手工作界面

2. 温湿度传感器认知

本任务使用的温湿度传感器模块如图 2-1-6 所示。该模块使用的是 DHT11 芯片。DHT11 芯片是一款有已校准数字信号输出的温湿度复合传感器，该传感器包括一个电阻式湿敏元件和一个负温度系数热敏电阻，并与一个高性能 8 位单片机相连。其湿度精度为±5%RH，温度精度为±2℃，湿度量程为 5%RH～95%RH，温度量程为-20～+60℃。该模块的数字输出使用的接口是 IIC 接口。

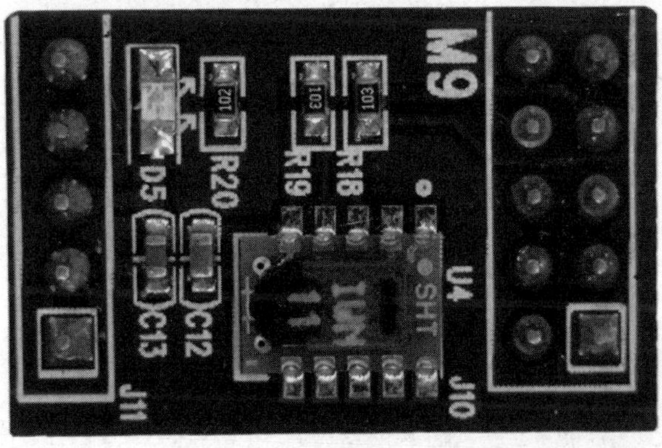

图 2-1-6 温湿度传感器模块

3．温度控制空调启停系统硬件连接

温度控制空调启停系统硬件连接图如图 2-1-7 所示，系统由温湿度传感器模块、ZigBee 模块、继电器模块、上位机等硬件系统组成。其中 NEWLab 实训平台为温湿度传感器模块和 ZigBee 模块供电，并将采集到的温度值经 CC2530 单片机处理后通过平台的串口传输给上位机显示出来，同时判断温度是否达到设定阈值，如果达到，那么 CC2530 单片机控制继电器启动风扇；反之，停止风扇。

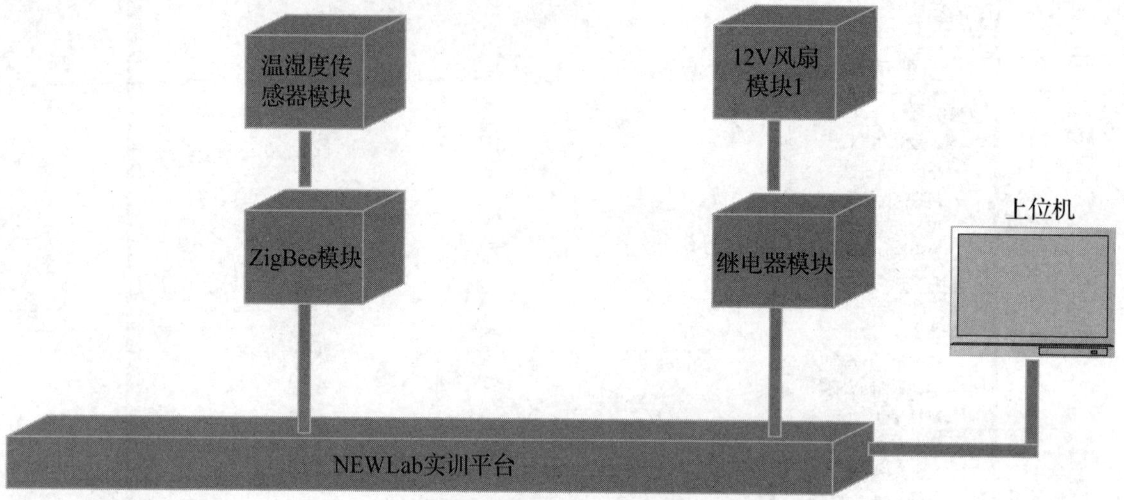

图 2-1-7　温度控制空调启停系统硬件连接图

本任务的硬件连接图如图 2-1-8 所示。

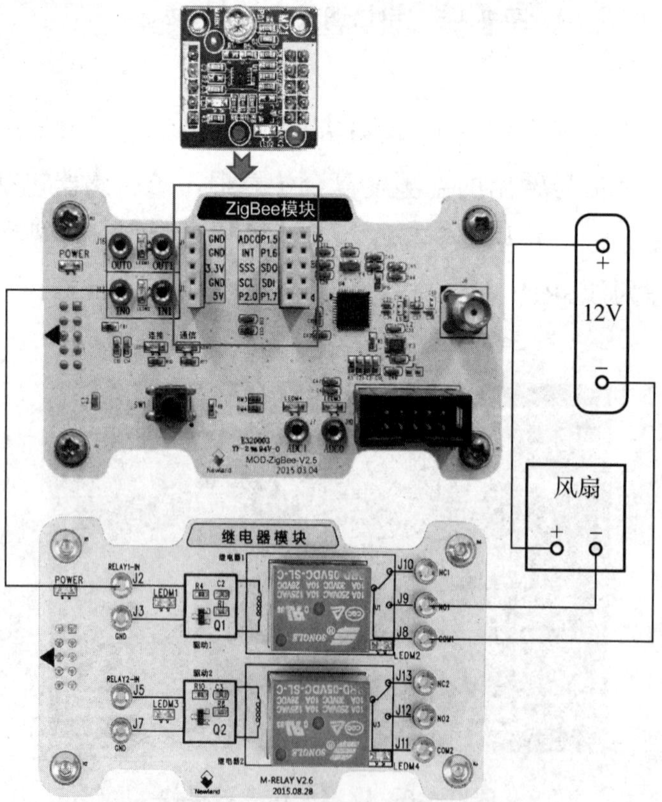

图 2-1-8　本任务的硬件连接图

按照下列步骤完成硬件连接。

- 把温湿度传感器模块插在 ZigBee 模块上。
- 使用香蕉线连接 ZigBee 模块 IN0 端口和继电器模块 J2 端口。
- 使用香蕉线连接 NEWLab 实训平台 12V“+”端口和风扇“+”端口。
- 使用香蕉线连接继电器模块 J9 端口和风扇“–”端口。
- 使用香蕉线连接继电器模块 J8 端口和 NEWLab 实训平台 12V“–”端口。

画一画 画出本次硬件搭建的原理框图。

4．温度控制空调启停系统程序设计思路

温度控制空调启停系统程序设计流程图如图 2-1-9 所示。

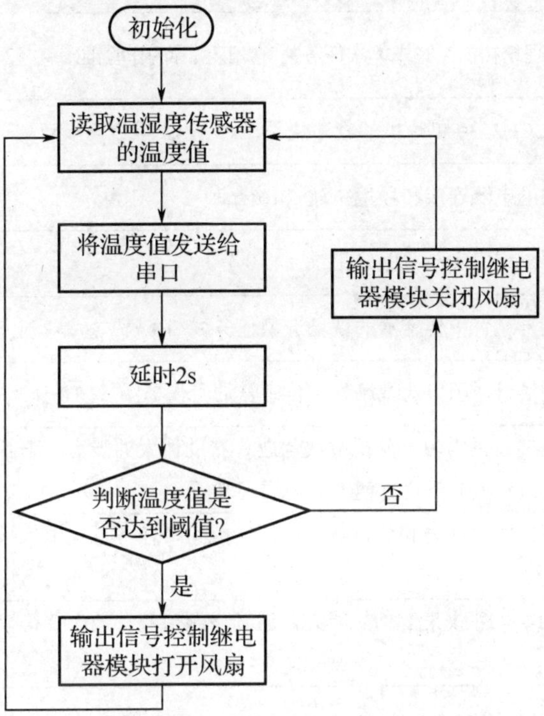

图 2-1-9 温度控制空调启停系统程序设计流程图

5．IAR 下载程序

把 ZigBee 模块装入 NEWLab 实训平台，用 CC Debugger 仿真器的下载线连接 ZigBee 模块至主机 USB 接口，下载“温度控制空调启停系统.hex”文件。

6．结果验证

程序烧写完成后，先在计算机上打开串口调试工具，查看温度数据，再用手指按住温湿度传感器使温度升高，直至风扇转动为止。

使用温度传感器控制空调启停任务工单

本任务的任务工单如表 2-1-2 所示。

表 2-1-2　任务 1 的任务工单

项目 2　智能家居传感器技术应用	任务 1　使用温度传感器控制空调启停

一、本次任务关键知识引导

1．热电传感技术是利用（　　）元件电参量随（　　）变化的特点，对温度进行检测的技术。

2．热敏电阻是一种（　　）随温度变化的半导体传感器。

3．热敏电阻分为（　　）、（　　）、（　　）三类，它们的简称分别为（　　）、（　　）、（　　）。

二、任务检查与评价

评价方式	可采用自评、互评、教师评价等方式			
说　　明	主要评价学生在项目学习过程中的操作技能、理论知识、学习态度、课堂表现、学习能力等			

序号	评价内容	评价标准	分值	得分
1	知识运用（20%）	掌握相关理论知识，完成本次任务关键知识引导的作答准确率（20 分）	20 分	
2	专业技能（40%）	独立完成 CC2530 单片机的程序烧写（+5 分）	40 分	
		独立完成继电器连线和环境搭建（+5 分）		
		按任务要求完成实验并做好记录（+10 分）		
		完成“连一连”中传感器的现场选型任务（+10 分）		
		联系选型场景，画出选型场景中传感器的工作框图（+10 分）		
3	核心素养（20%）	具有良好的自主学习、分析解决问题、帮助他人的能力，整个任务过程中指导过他人并解决过他人的问题（20 分）	20 分	
		具有较好的学习能力和分析解决问题的能力，任务过程中未指导过他人（15 分）		
		具有主动学习并收集信息的能力，遇到问题请教过他人并得以解决（10 分）		
		不主动学习（0 分）		
4	职业素养（20%）	实验完成后，设备无损坏、设备摆放整齐、工位区域内保持整洁、未干扰课堂秩序（20 分）	20 分	
		实验完成后，设备无损坏、未干扰课堂秩序（15 分）		
		未干扰课堂秩序（10 分）		
		干扰课堂秩序（0 分）		
总得分				

任务小结

知识与技能提升

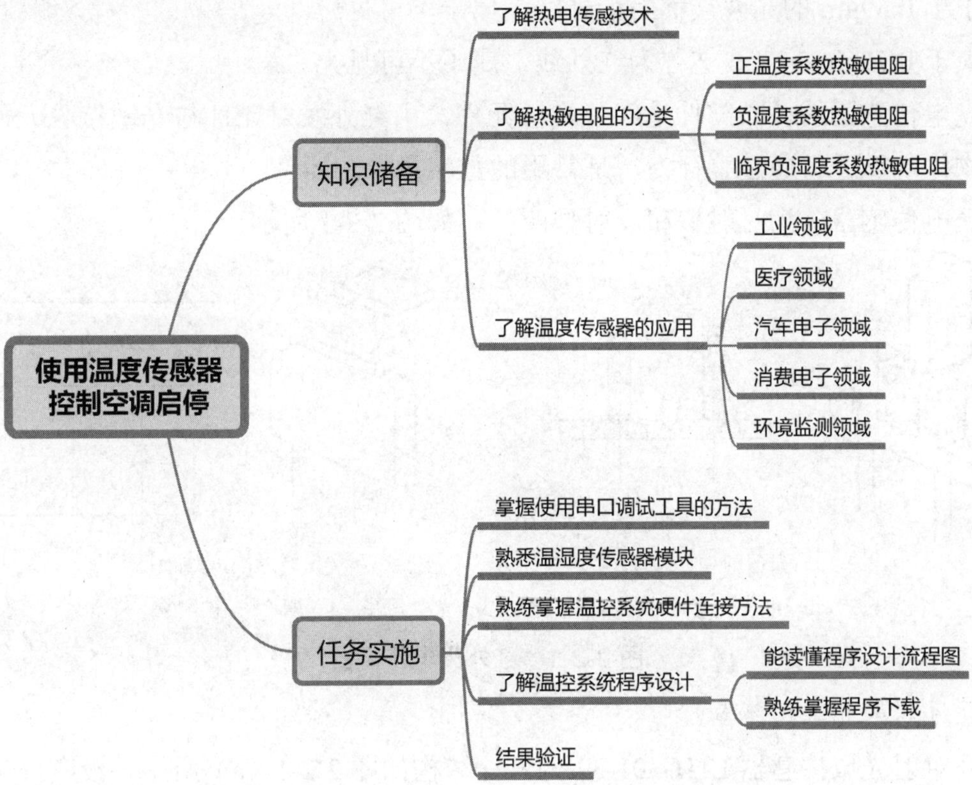

任务 2 使用红外对射光电传感器控制空调启停

任务描述与要求

任务描述：

在完成了对温度的检测，并依据温度来控制空调的启停后，小新准备使用红外对射光电传感器来检测窗户的开关状态。若红外对射光电传感器没有被遮挡，则表示窗户是关闭的；若其被遮挡，则表示窗户是打开的。最终实现当窗户关闭时，空调启动；当窗户打开时，空调停止（仍使用风扇来代替空调）。

任务要求：

- 应用 ZigBee 模块搭建红外对射光电传感器控制空调启停模拟系统。
- 使用红外光电传感器模块采集室内窗户的开关状态。
- 通过 ZigBee 模块读取红外对射光电传感器的状态，完成程序烧写，实现红外对射光电传感器控制空调启停系统。

知识储备

可见光是能引起人类视觉变化的电磁波，可见光的波长范围为 0.39～0.77μm。

波长小于 0.39μm 的光波被称为紫外线，属于不可见光。

波长大于 0.77μm 的光波被称为红外线，属于不可见光。

红外光电传感器的核心部件是红外光敏元件，由红外发射元件与光敏接收元件组成，可用于检测物体的靠近、通过等行为，是常用的数字量检测器件。

红外光电传感器分为对射型和反射型两种，如图 2-2-1 所示。

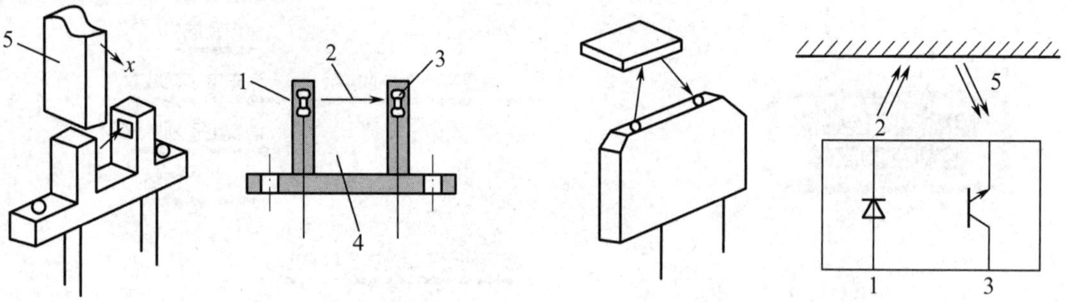

（a）对射型　　（b）反射型

1—红外发光元件；2—红外光；3—光电元件；4—槽；5—被测物

图 2-2-1　红外光电传感器

（1）红外对射光电传感器。

以红外对射光电传感器 LTH-301-32 为例，结构如图 2-2-1（a）所示，没有外来物体影响时传感器发光元件发射的红外线被光电元件接收，当有物体处于发射器和接收器之间时，红外光束被阻断，接收器接收不到红外线而产生一个电脉冲。

（2）红外反射光电传感器。

以红外反射光电传感器 ITR20001/T 为例，结构如图 2-2-1（b）所示，其工作波长为 940nm，没有外来物体影响时传感器发光元件发射的红外线不会被光电元件接收，当有物体接近传感器时，红外光束被物体发射，接收器接收到红外线而产生一个电脉冲。

红外光电传感器的红外 LED 灯可以直接用直流电驱动，其正向压降为 1.2～1.5V，驱动电流控制在几十毫安，接收器一般采用光敏二极管或光敏三极管。

红外光电传感器是价格便宜、结构简单、性能可靠的光电器件，被广泛应用于自动控制系统和设备检测中。

画一画　画出红外光电传感器的组成框图。

想一想　学校内部有哪些地方会使用红外光电传感器呢？

连一连　如图 2-2-2 所示，为下面给出的 3 个应用场景选择合适的红外光电传感器，并写出你是依据什么原则进行的选择。

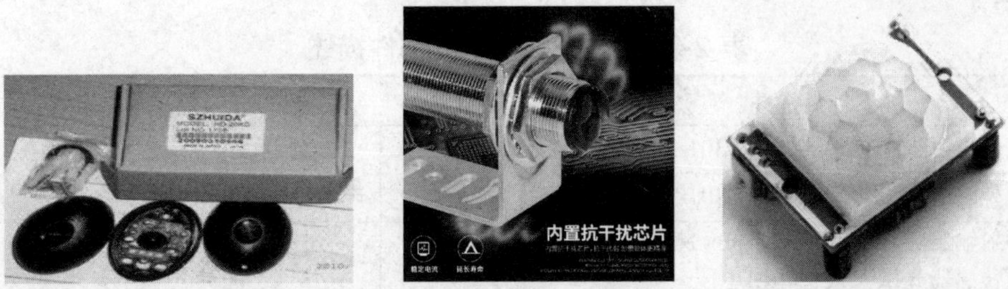

（A）红外对射光电传感器　　（B）红外反射光电传感器　　（C）人体红外光电传感器

（a）地铁扶梯语音播报器　　（b）自动门　　（c）家居防盗

图 2-2-2　选择合适的红外光电传感器

任务实施

设备与资源准备

任务实施前必须先准备好以下设备和资源，如表 2-2-1 所示。

表 2-2-1　任务 2 需准备的设备和资源

序号	设备/资源名称	数量	是否准备到位（√）
1	ZigBee 模块	1 个	
2	CC Debugger 仿真器	1 个	
3	12V 风扇模块	1 个	
4	继电器模块	1 个	
5	红外光电传感器模块	1 个	
6	NEWLab 实训平台	1 个	

1. 红外光电传感器模块认知

红外光电传感器模块电路板如图 2-2-3 所示，图中数字对应模块情况如表 2-2-2 所示。

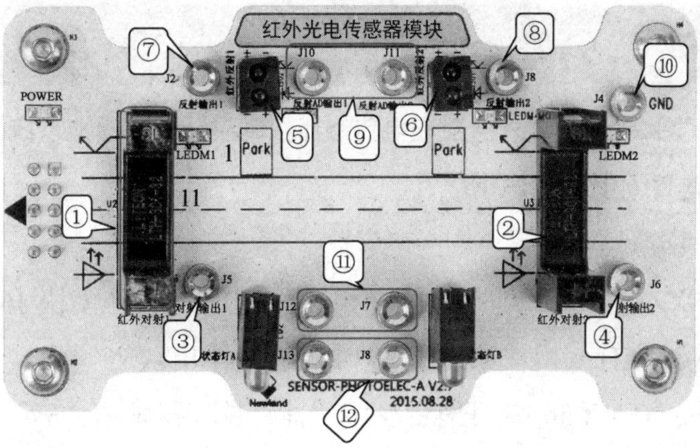

图 2-2-3　红外光电传感器模块电路板

表 2-2-2　图 2-2-2 中的部件描述

标号	部件描述	标号	部件描述
①	红外对射光电传感器 LTH-301-32	⑨	反射 AD 输出 1、2 端口 J10、J11，测量比较器 1、2 输出端口（1 脚、7 脚）电压
②	红外对射光电传感器 LTH-301-32		
③、④	对射输出 1、2 端口 J5、J6，测量红外对射光电传感器光敏三极管输出电压	⑩	接地 GND 端口 J4
⑤	红外反射光电传感器 ITR20001/T	⑪	状态指示灯 A、B 红色指示灯电源负极输入端口 J12、J7，输入为低电平时状态指示灯红色 LED 灯亮，用于判断红外对射输出开关量直观显示
⑥	红外反射光电传感器 ITR20001/T		
⑦、⑧	反射输出 1、2 端口 J2、J3，测量红外反射传感器光敏三极管输出的电压，即比较器 1、2 正端口（3 脚、5 脚）的输入电压	⑫	状态指示灯 A、B 绿色指示灯电源负极输入端口 J13、J8，输入为低电平时状态指示灯绿色 LED 灯亮，用于判断红外对射输出开关量直观显示

2．红外对射光电传感器控制空调启停系统硬件连接

红外对射光电传感器控制空调启停模拟系统如图 2-2-4 所示，系统由红外光电传感器模块、ZigBee 模块、继电器模块等组成。其中 NEWLab 实训平台为红外光电传感器模块和 ZigBee 模块供电，并将采集到的红外对射光电传感器状态值发送给 CC2530 单片机，CC2530 单片机判断红外对射光电传感器是否被遮挡，如果被遮挡，那么 CC2530 单片机控制继电器启动风扇；反之，停止风扇。

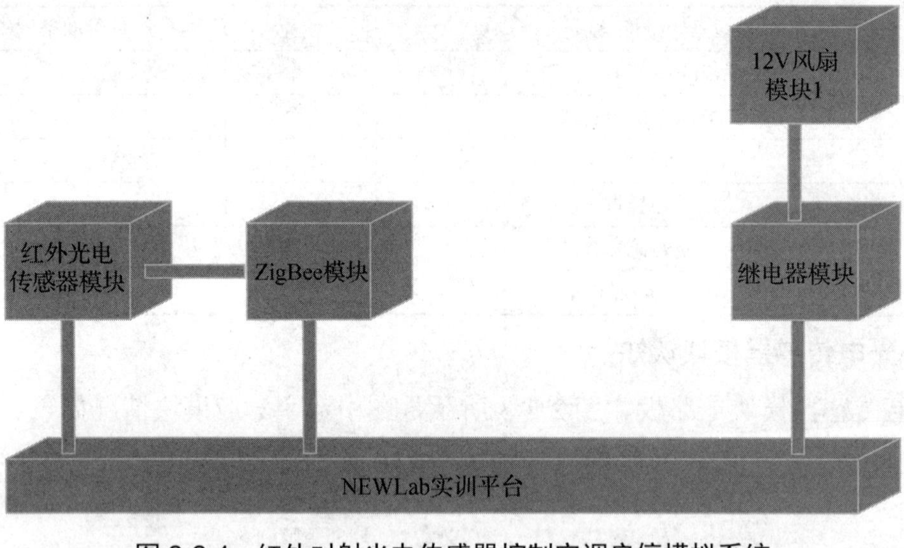

图 2-2-4　红外对射光电传感器控制空调启停模拟系统

本任务的硬件连接图如图 2-2-5 所示。

按照下列步骤完成硬件连接。

- 使用香蕉线连接 ZigBee 模块 IN0 端口和红外光电传感器模块 J6 端口。
- 使用香蕉线连接 ZigBee 模块 OUT0 端口和继电器模块 J2 端口。
- 使用香蕉线连接 NEWLab 实训平台 12V“+”端口和风扇“+”端口。
- 使用香蕉线连接继电器模块 J9 端口和风扇“−”端口。

• 使用香蕉线连接继电器模块 J8 端口和 NEWLab 实训平台 12V “-” 端口。

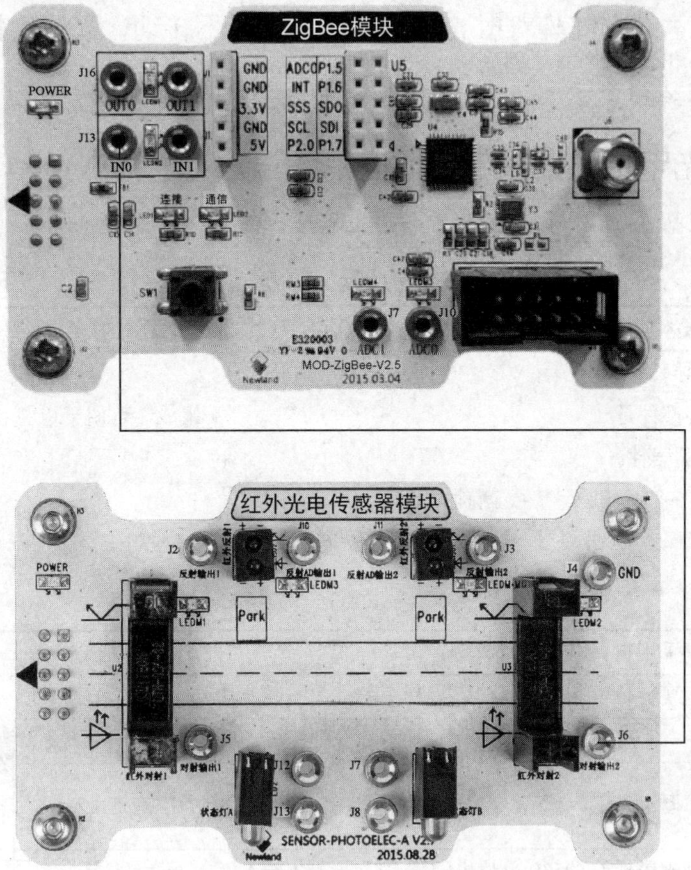

图 2-2-5　本任务的硬件连接图

画一画　画出本次硬件搭建的原理框图。

3．红外对射光电传感器控制空调启停系统程序设计思路

红外对射光电传感器控制空调启停系统程序设计流程图如图 2-2-6 所示。

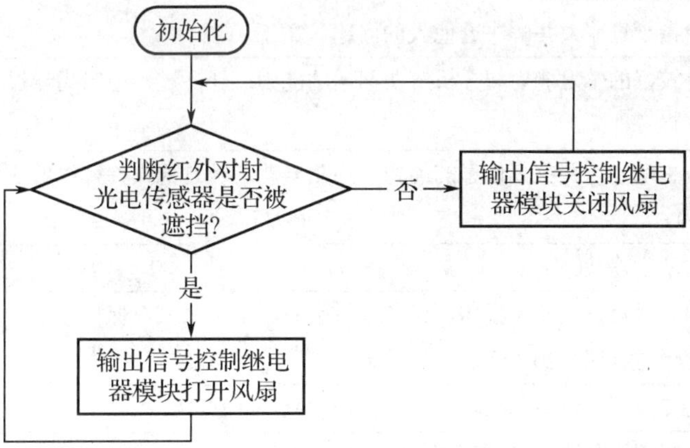

图 2-2-6　红外对射光电传感器控制空调启停系统程序设计流程图

4．IAR 下载程序

把 ZigBee 模块装入 NEWLab 实训平台，用 CC Debugger 仿真器的下载线连接 ZigBee 模块至主机 USB 接口，下载“红外对射光电传感器控制空调启停系统.hex”文件。

5. 结果验证

程序烧写完成后，遮挡红外对射光电传感器，风扇不转动，取消遮挡后，风扇开始转动。

想一想 如果想将实验现象结果反转，那么你可以通过什么样的方法实现呢？

使用红外对射光电传感器控制空调启停任务工单

本任务的任务工单如表 2-2-3 所示。

表 2-2-3 任务 2 的任务工单

项目 2 智能家居传感器技术应用	任务 2 使用红外对射光电传感器控制空调启停

一、本次任务关键知识引导

1. 红外光电传感器的核心部件是（ ），由（ ）与（ ）组成，可用于检测物体的（ ）、（ ）等行为，是常用的数字量检测器件。

2. 红外光电传感器分为（ ）和（ ）两种。

3. 红外光电传感器是（ ）、（ ）、（ ）的光电器件，被广泛应用于自动控制系统和设备检测中。

二、任务检查与评价

评价方式		可采用自评、互评、教师评价等方式		
说　明		主要评价学生在项目学习过程中的操作技能、理论知识、学习态度、课堂表现、学习能力等		
序号	评价内容	评价标准	分值	得分
1	知识运用（20%）	掌握相关理论知识，完成本次任务关键知识引导的作答准确率（20 分）	20 分	
2	专业技能（40%）	独立完成 CC2530 单片机的程序烧写（+5 分）	40 分	
		独立完成继电器连线和环境搭建（+5 分）		
		按任务要求完成实验并做好记录（+10 分）		
		完成“连一连”中传感器的现场选型任务（+10 分）		
		联系选型场景，画出选型场景中传感器的工作框图（+10 分）		
3	核心素养（20%）	具有良好的自主学习、分析解决问题、帮助他人的能力，整个任务过程中指导过他人并解决过他人的问题（20 分）	20 分	
		具有较好的学习能力和分析解决问题的能力，任务过程中未指导过他人（15 分）		
		具有主动学习并收集信息的能力，遇到问题请教过他人并得以解决（10 分）		
		不主动学习（0 分）		
4	职业素养（20%）	实验完成后，设备无损坏、设备摆放整齐、工位区域内保持整洁、未干扰课堂秩序（20 分）	20 分	
		实验完成后，设备无损坏、未干扰课堂秩序（15 分）		
		未干扰课堂秩序（10 分）		
		干扰课堂秩序（0 分）		
总得分				

任务小结

知识与技能提升

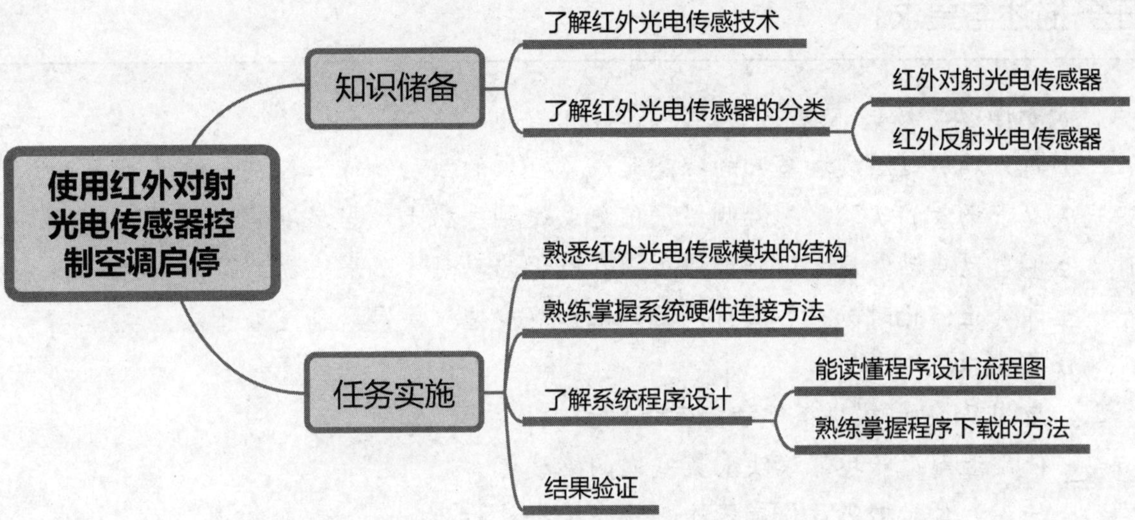

延伸阅读

红外线的秘密

红外线是一种热辐射，透过云雾的能力比可见光强。在通信、探测、医疗、军事等方面有广泛的用途，俗称红外光。红外线是频率介于微波与可见光之间的电磁波，波长为760nm～1mm，是频率比红光低的不可见光。高于绝对零度的物质都可以产生红外线，现代物理学称之为热射线。太阳的热量主要通过红外线传到地球。

红外线可以人为制造，自然界中也广泛存在，一般的生物都会辐射红外线，体现出来的宏观效应就是热度。红外线在军事、人造卫星，以及工业、卫生、科研等方面的应用日益广泛，生活中也不缺少，如红外线辐射器、白炽灯、光浴装置、夜视仪、光波炉、热成像仪等红外线仪器和设备的应用。真正的红外线夜视仪是光电倍增管成像，与望远镜原理完全不同，白天不能使用，价格昂贵且需要电源才能工作。

红外线已经成为深入人们生活中的一种电磁波，但红外线也会对人体造成高温伤害。较强的红外线可造成皮肤伤害，其情况与烫伤相似；红外线可造成视网膜的伤害和引起白内障等眼科疾病。

任务3 智能空调联动系统

任务描述与要求

任务描述：

小新分别通过温度和窗户的状态完成了空调的启动和停止控制，通过思考，小新要完成以下场景的实验，先检测温度值并发送到手机上，当温度值达到阈值（26℃）时，空调自动启动；反之，空调停止。在空调启动时，如果检测到窗户被打开了，则空调立即停止；此时如果关闭窗户，则依据温度值来决定风扇是否开启。

任务要求：

- 应用ZigBee模块搭建智能空调联动模拟系统。
- 使用温湿度传感器模块采集室内的温度值。
- 使用红外对射光电传感器检测窗户是否被打开。
- 通过ZigBee模块读取温度值和检测窗户是否被打开，完成程序烧写，实现智能空调联动系统。

任务实施

设备与资源准备

任务实施前必须先准备好以下设备和资源，如表2-3-1所示。

表2-3-1 任务3需准备的设备和资源

序号	设备/资源名称	数量	是否准备到位（√）
1	ZigBee模块	1个	
2	CC Debugger仿真器	1个	
3	12V风扇模块	1个	
4	继电器模块	1个	
5	温湿度传感器模块	1个	
6	红外光电传感器模块	1个	
7	上位机	1台	
8	NEWLab实训平台	1个	

1. 智能空调联动系统硬件连接

智能空调联动系统硬件连接图如图2-3-1所示，系统由温湿度传感器模块、ZigBee模块、继电器模块、上位机等硬件系统组成。其中NEWLab实训平台为温湿度传感器模块、红外光电传感器模块和ZigBee模块供电，并将采集到的温度值经CC2530单片机处理后通过平台的串口传输给上位机显示出来，同时判断温度是否达到设定的阈值，如果达到，那么CC2530单片机控制继电器启动空调（用风扇模拟）；反之，停止空调。CC2530单片机还要检测红外对射光电传感器是否被遮挡，当红外对射光电传感器没有被遮挡时，说明窗户是关闭状态，空调被允许启动；反之，空调将不被允许启动。

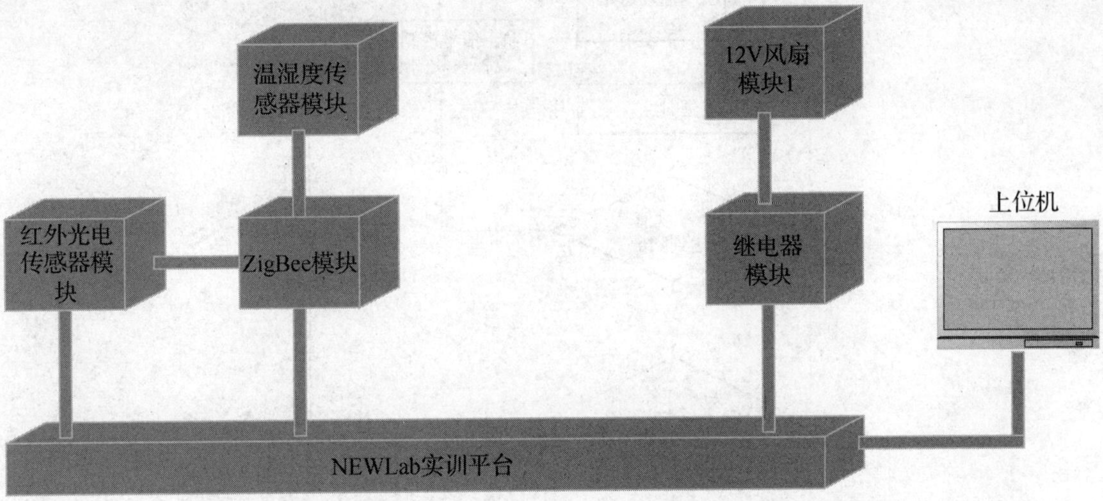

图2-3-1 智能空调联动系统硬件连接图

按照下列步骤完成硬件连接。

- 把温湿度传感器模块插在ZigBee模块上。
- 使用香蕉线连接ZigBee模块IN0端口和继电器模块J2端口。
- 使用香蕉线连接ZigBee模块IN1端口和红外光电传感器模块J6端口。
- 使用香蕉线连接NEWLab实训平台12V“+”端口和风扇“+”端口。
- 使用香蕉线连接继电器模块J9端口和风扇“-”端口。
- 使用香蕉线连接继电器模块J8端口和NEWLab实训平台12V“-”端口。

画一画 画出本次硬件搭建的原理框图。

2. 智能空调联动系统程序设计思路

智能空调联动系统程序设计流程图如图2-3-2所示。

3. IAR下载程序

把ZigBee模块装入NEWLab实训平台，用CC Debugger仿真器的下载线连接ZigBee模块至主机USB接口，下载“智能空调联动.hex”文件。

4. 结果验证

程序烧写完成后，先在计算机上打开串口调试工具，查看温度数据，再用一只手按住温湿度传感器，使温度升高，观察串口调试工具温度超过26℃后，风扇是否开启；此时，用另一只手遮挡红外对射光电传感器，风扇立即停止，手拿开后风扇恢复运转；再将按住温湿度传感器的手拿开，观察串口调试工具温度降低到26℃后，风扇是否停止。

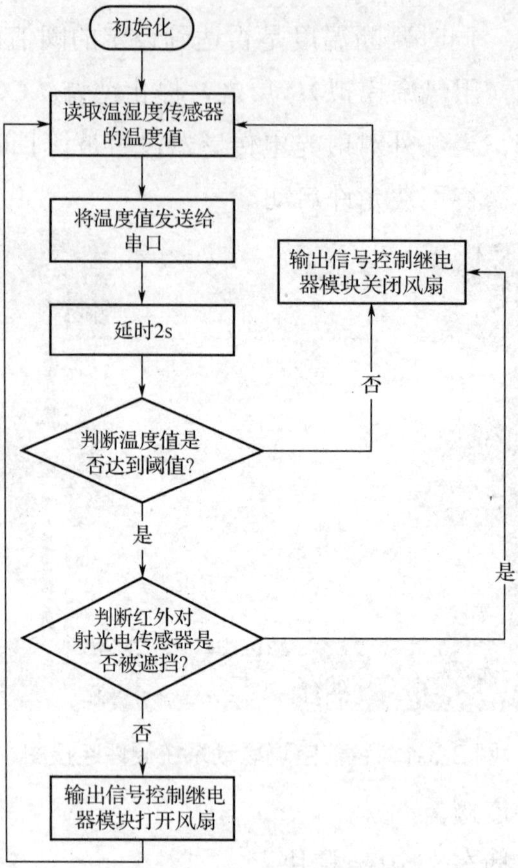

图 2-3-2　智能空调联动系统程序设计流程图

智能空调联动系统任务工单

本任务的任务工单如表 2-3-2 所示。

表 2-3-2　任务 3 的任务工单

项目 2　智能家居传感器技术应用		任务 3　智能空调联动系统		
任务检查与评价				
评价方式		可采用自评、互评、教师评价等方式		
说　明		主要评价学生在项目学习过程中的操作技能、理论知识、学习态度、课堂表现、学习能力等		
序号	评价内容	评价标准	分值	得分
1	专业技能（60%）	独立完成 CC2530 单片机的程序烧写（+5 分）	60 分	
		独立完成继电器连线和环境搭建（+5 分）		
		按任务要求完成实验并做好记录（+10 分）		
		联系选型场景，画出选型场景中传感器的工作框图（+10 分）		
		每个学习小组选出一人进行汇报，要求按照格式，声音洪亮，吐字清晰（小组其他学生得到汇报同学一半的分数）(+30 分)		
2	核心素养（20%）	具有良好的自主学习、分析解决问题、帮助他人的能力，整个任务过程中指导过他人并解决过他人的问题（20 分）	20 分	
		具有较好的学习能力和分析解决问题的能力，任务过程中未指导过他人（15 分）		

续表

序号	评价内容	评价标准	分值	得分
2	核心素养（20%）	具有主动学习并收集信息的能力，遇到问题请教过他人并得以解决（10 分）	20 分	
		不主动学习（0 分）		
3	职业素养（20%）	实验完成后，设备无损坏、设备摆放整齐、工位区域内保持整洁、未干扰课堂秩序（20 分）	20 分	
		实验完成后，设备无损坏、未干扰课堂秩序（15 分）		
		未干扰课堂秩序（10 分）		
		干扰课堂秩序（0 分）		
总得分				

任务小结

知识与技能提升

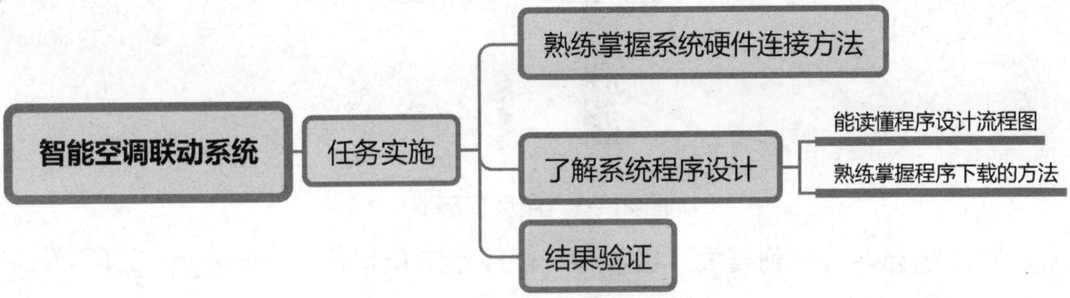

画一画　画出温度传感器和红外对射光电传感器的组成框图。

任务 4　使用湿度传感器控制加湿器启停

任务描述与要求

任务描述：

在完成了智能空调联动系统后，小新再次将目光聚焦到加湿器上，要对加湿器进行智能控制，先检测湿度值，当湿度值小于阈值时，表示室内已经过于干燥，则加湿器自动启动工作；反之，加湿器停止工作。

任务要求：

- 应用 ZigBee 模块搭建湿度传感器控制加湿器启停模拟系统。
- 使用温湿度传感器模块采集室内的湿度值。
- 通过 ZigBee 模块读取湿度值，完成程序烧写，实现湿度传感器控制加湿器启停系统。

知识储备

1. 湿度传感器简介

湿度传感器如图 2-4-1 所示，它是能够感受外界湿度变化，并通过器件材料的物理或化学性质变化，将湿度转换成有用信号的器件。湿度检测较之其他物理量的检测显得困难，这首先是因为空气中水蒸气含量只占空气总量的 0.03%左右；另外，液态水会使一些高分子材料和电解质材料溶解，一部分水分子电离后与溶入水中的空气中的杂质结合成酸或碱，使湿敏材料不同程度地受到腐蚀和老化，从而丧失其原有的性质；再者，湿度信息的传递必须靠水对湿敏元件直接接触来完成，因此湿敏元件只能直接暴露于待测环境中，不能密封。

图 2-4-1 湿度传感器

通常，对湿敏元件有下列要求：在各种气体环境下稳定性好、响应时间短、寿命长、有互换性、耐污染和受温度影响小等。微型化、集成化及廉价是湿度传感器的发展方向。

2. 湿度相关概念的简介

湿度是指大气中所含的水蒸气量。它有两种最常用的表示方法，即绝对湿度和相对湿度。

绝对湿度是指一定大小空间中水蒸气的绝对含量，可用“g/m^3”表示。绝对湿度也称为水汽浓度或水汽密度。

相对湿度是指某一被测蒸气压与相同温度下的饱和蒸气压的比值的百分数，常用“%RH”表示，这是一个无量纲的值。显然，绝对湿度给出了水分在空间的具体含量，相对湿度给出了大气的潮湿程度，故相对湿度使用更广泛。

温度越高的气体，含水蒸气越多。将气体冷却，即使其中所含水蒸气量不变，相对湿度也将逐渐增加。当降低到某一温度时，相对湿度达到 100%，水蒸气呈饱和状态，再冷却时，蒸气的一部分凝聚生成露，把这个温度称为露点温度，即空气在气压不变的情况下，为了使其所含水蒸气达到饱和状态时所必须冷却到的温度称为露点温度。气温和露点温度的差越小，表示空气中水蒸气越接近饱和。

画一画 画出湿度传感器的组成框图。

3. 湿敏元件的分类

湿敏元件主要分为两大类：水分子亲和力型湿敏元件和非水分子亲和力型湿敏元件。

水分子亲和力型湿敏元件是根据其易于附着并能浸入固体表面的特性制成的湿敏元件。例如，利用水分子附着或浸入某些物质后，其电气性能（电阻阻值、介电常数等）发生变化的特性制成电阻式湿敏元件、电容式湿敏元件；利用水分子附着后可引起材料长度变化的特性可制成尺寸变化式湿敏元件，如毛发湿度计。金属氧化物是离子型结合物质，有较强的吸水性能，不仅有物理吸附，而且有化学吸附，可制成金属氧化物湿敏元件。水分子亲和力型湿敏元件如图 2-4-2 所示，在应用时附着或浸入被测的水蒸气分子，与材料发生化学反应生成氢氧化物，或一经浸入就有一部分残留在元件上而难以全部脱出，从而导致在重复使用时元件的特性不稳定，测量时有较大的滞后误差和较慢的反应速度。目前应用较多的均属于水分子亲和力型湿敏元件。

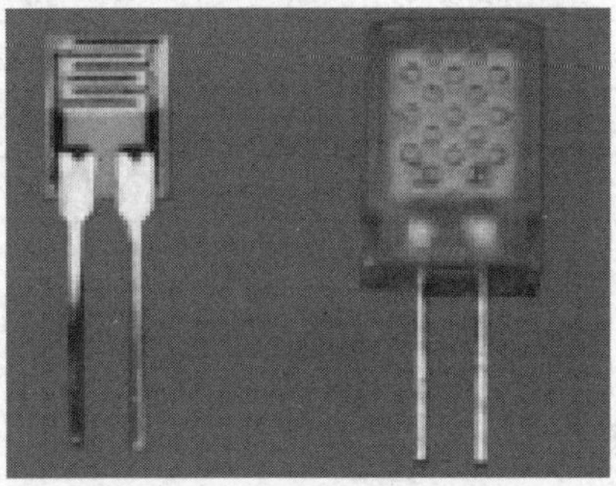

图 2-4-2　水分子亲和力型湿敏元件

非水分子亲和力型湿敏元件利用其与水分子接触产生的物理效应来测量湿度。例如，利用热力学方法测量的热敏电阻式湿度传感器，利用水蒸气能吸收某波段的红外线的特性制成的红外线吸收式湿敏元件等。

连一连　如图 2-4-3 所示，为下面给出的 3 个应用场景选择合适的湿度传感器，并写出你是依据什么原则进行的选择。

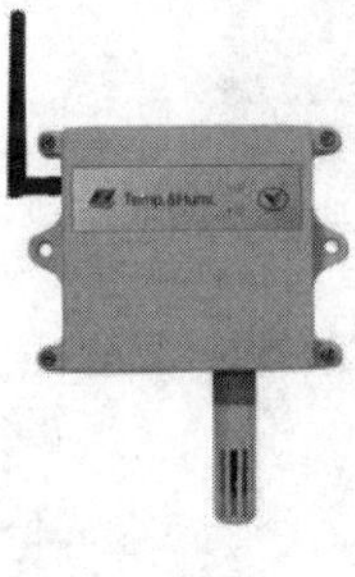

（A）无线湿度计

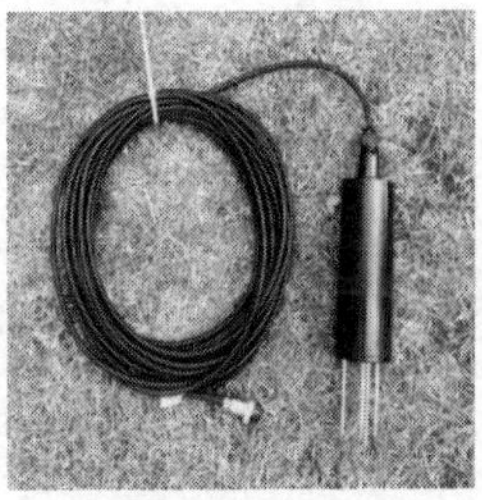

（B）土壤湿度计

（C）有线湿度计

（a）大棚土壤湿度

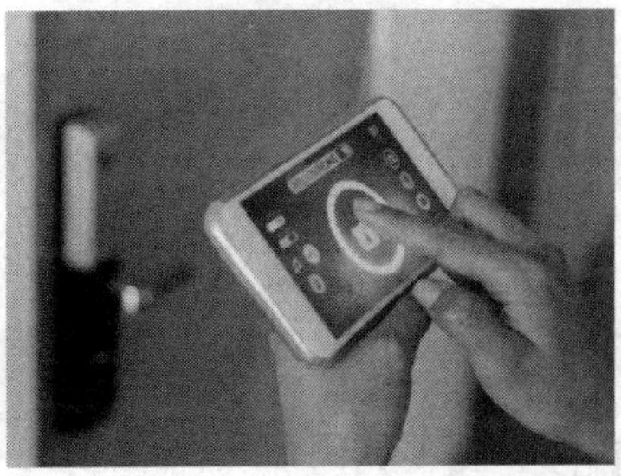

（b）智能家居

（c）保鲜冷库

图 2-4-3　选择合适的湿度传感器

任务实施

设备与资源准备

任务实施前必须先准备好以下设备和资源，如表 2-4-1 所示。

表 2-4-1　任务 4 需准备的设备和资源

序号	设备/资源名称	数量	是否准备到位（√）
1	ZigBee 模块	1 个	
2	CC Debugger 仿真器	1 个	
3	12V 风扇模块	1 个	
4	继电器模块	1 个	
5	温湿度传感器模块	1 个	
6	计算机	1 台	
7	NEWLab 实训平台	1 个	

想一想　我们使用的温湿度传感器是什么类型的湿敏元件？

1. 湿度控制加湿器启停系统硬件连接

湿度控制加湿器启停系统硬件连接图如图 2-4-4 所示，系统由温湿度传感器模块、ZigBee 模块、继电器模块等硬件系统组成。其中 NEWLab 实训平台为温湿度传感器模块和 ZigBee 模块供电，并将采集到的湿度值经 CC2530 单片机处理后通过平台的串口传输给计算机显示出来，同时判断湿度是否达到设定阈值，如果达到，那么 CC2530 单片机控制继电器启动加湿器（用风扇模拟）；反之，停止加湿器。

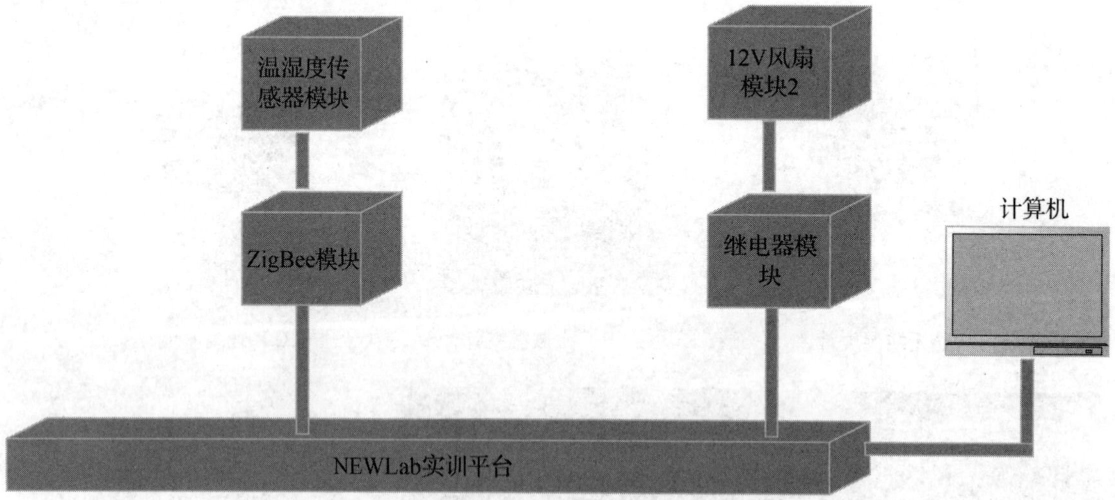

图 2-4-4　湿度控制加湿器启停系统硬件连接图

按照下列步骤完成硬件连接。

- 把温湿度传感器模块插在 ZigBee 模块上。
- 使用香蕉线连接 ZigBee 模块 IN0 端口和继电器模块 J2 端口。
- 使用香蕉线连接 NEWLab 实训平台 12V “+” 端口和风扇 “+” 端口。

- 使用香蕉线连接继电器模块 J9 端口和风扇“-”端口。
- 使用香蕉线连接继电器模块 J8 端口和 NEWLab 实训平台 12V“-”端口。

画一画 使用所学过的继电器的知识，画出本次硬件搭建的原理框图。

2. 湿度控制加湿器启停系统程序设计思路

湿度控制加湿器启停系统程序设计流程图如图 2-4-5 所示。

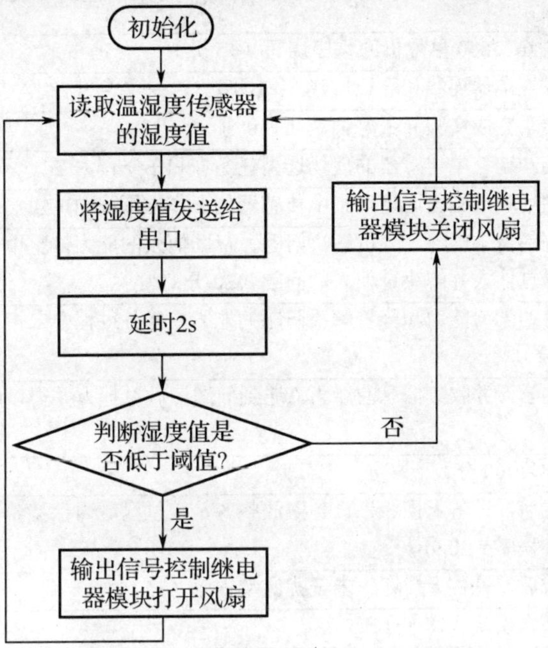

图 2-4-5 湿度控制加湿器启停系统程序设计流程图

3. IAR 下载程序

把 ZigBee 模块装入 NEWLab 实训平台，用 CC Debugger 仿真器的下载线连接 ZigBee 模块至主机 USB 接口，下载“湿度控制加湿器启停系统.hex”文件。

4. 结果验证

程序烧写完成后，先在计算机上打开串口调试工具，查看湿度数据，风扇应该立即转动，再用手指按住温湿度传感器，使湿度升高，直至风扇停止为止。

使用湿度传感器控制加湿器启停任务工单

本任务的任务工单如表 2-4-2 所示。

表 2-4-2 任务 4 的任务工单

项目 2 智能家居传感器技术应用	任务 4 使用湿度传感器控制加湿器启停
一、本次任务关键知识引导	
1. 湿度是（ ）。它有两种最常用的表示方法，即（ ）和（ ）。	
2. 绝对湿度是指（ ）的绝对含量，可用（ ）表示。	
3. 相对湿度是指（ ）与相同温度下的（ ）的比值的百分数，常用（ ）表示。	
4. 湿敏元件主要分为两大类：（ ）型湿敏元件和（ ）型湿敏元件。	

续表

二、任务检查与评价

评价方式		可采用自评、互评、教师评价等方式		
说　明		主要评价学生在项目学习过程中的操作技能、理论知识、学习态度、课堂表现、学习能力等		
序号	评价内容	评价标准	分值	得分
1	知识运用（20%）	掌握相关理论知识，完成本次任务关键知识引导的作答准确率（20 分）	20 分	
2	专业技能（40%）	独立完成 CC2530 单片机的程序烧写（+5 分）	40 分	
		独立完成继电器连线和环境搭建（+5 分）		
		按任务要求完成实验并做好记录（+10 分）		
		完成“连一连”中传感器的现场选型任务（+10 分）		
		联系选型场景，画出选型场景中传感器的工作框图（+10 分）		
3	核心素养（20%）	具有良好的自主学习、分析解决问题、帮助他人的能力，整个任务过程中指导过他人并解决过他人的问题（20 分）	20 分	
		具有较好的学习能力和分析解决问题的能力，任务过程中未指导过他人（15 分）		
		具有主动学习并收集信息的能力，遇到问题请教过他人并得以解决（10 分）		
		不主动学习（0 分）		
4	职业素养（20%）	实验完成后，设备无损坏、设备摆放整齐、工位区域内保持整洁、未干扰课堂秩序（20 分）	20 分	
		实验完成后，设备无损坏、未干扰课堂秩序（15 分）		
		未干扰课堂秩序（10 分）		
		干扰课堂秩序（0 分）		
总得分				

任务小结

知识与技能提升

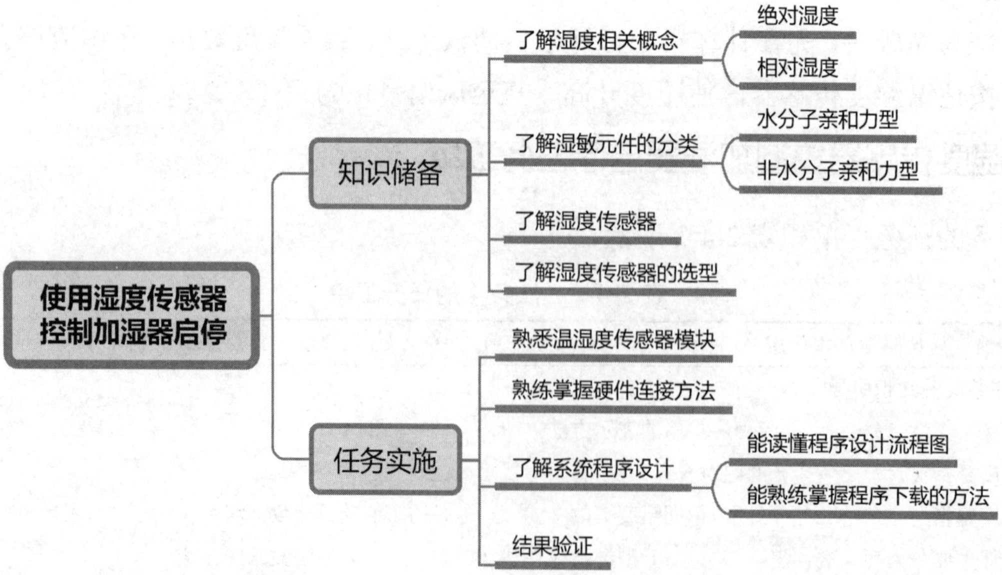

延伸阅读

人们发现了人的头发随大气湿度变化而伸长或缩短的现象，因而制成了毛发湿度计。这类早期的湿度计的响应速度、灵敏度、准确性等指标都不高，如图 2-4-6 所示。20 世纪 50 年代以后，人们研制出了电阻湿度计，近年来又研制出了半导体湿敏元件。

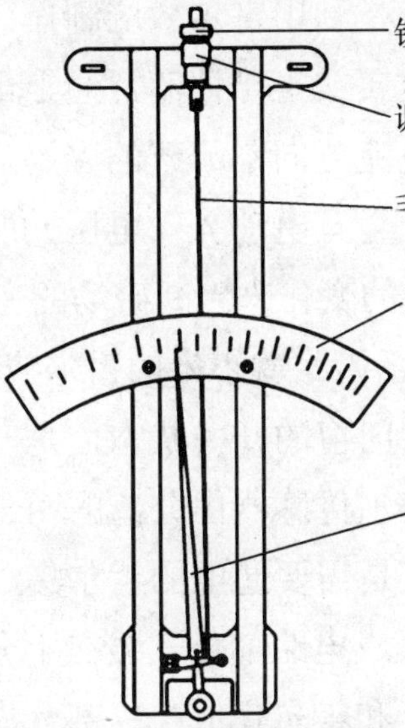

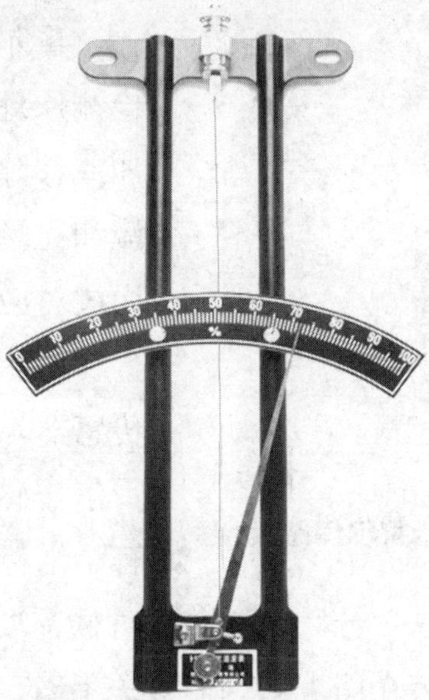

图 2-4-6 毛发湿度计原理图和实物图

任务 5 使用霍尔传感器控制加湿器启停

任务描述与要求

任务描述：

在完成了检测室内湿度进而控制加湿器是否工作后，如同空调联动一样，小新想到了加湿器联动。于是他拿出了霍尔传感器，当作门窗传感器，用来检测门的开关状态。当加湿器工作时，如果门被打开了，则加湿器自动停止工作。

任务要求：

- 应用 ZigBee 模块搭建开门控制加湿器停止模拟系统。
- 使用霍尔传感器模块采集门的开关状态。
- 通过 ZigBee 模块读取门的开关状态，完成程序烧写，实现开门控制加湿器停止的系统。

知识储备

1. 霍尔效应及霍尔传感器简介

当有电流流过磁场中的静止金属或半导体薄片时，若该电流方向与磁场方向不一致，则在垂直于电流和磁场的方向上将产生电动势，这种物理现象称为霍尔效应。

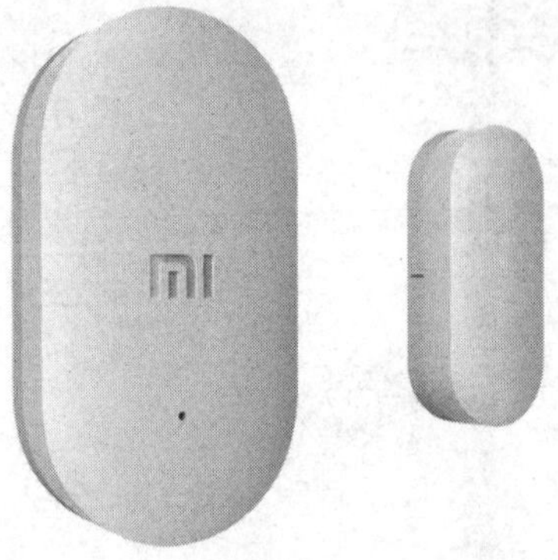

图 2-5-1　小米霍尔传感器

霍尔传感器就是利用霍尔效应制作而成的传感器，其检测原理是先给金属或半导体薄片通上电流，再给它们施加或移除一个与电流方向不一致的磁场，此时在垂直于电流和磁场的方向上会有电动势（电压）的产生或消失，即通过对应方向电压的变化来判断磁场的变化。

如图 2-5-1 所示为一款小米的霍尔传感器，可作为门窗传感器，用于检测门窗的开关状态，是一种典型的开关型霍尔传感器。该霍尔传感器由分离的两部分组成，左侧带有小米标志的部分是需要通电的霍尔集成电路部分，右侧是提供磁场的磁铁部分。在安装的时候需要将霍尔集成电路部分安装在不会移动的门框上，而将磁铁部分安装在门上。当门被关上时，磁铁部分和霍尔集成电路部分靠近，其磁场施加到霍尔集成电路部分，则产生电压表示门已关闭；当门被打开时，磁铁部分和霍尔集成电路部分分离，磁场消失，由霍尔效应产生的电压也即消失，表示门已打开。

画一画　画出霍尔传感器的组成框图。

想一想　在测量车辆行驶里程和速度的时候使用的是霍尔传感器，在车上霍尔传感器应该怎么安装呢？如何完成里程和速度的检测呢？

2. 霍尔传感器分类

霍尔传感器一般由固定的霍尔集成电路部分和运动的磁铁两部分组成，霍尔集成电路由霍尔元件及输出电路组成。

霍尔集成电路按照输出信号的形式，可分为开关型和线性型两种。

开关型霍尔集成电路是把霍尔元件的输出经过处理后输出一个高电平或低电平，表示磁场有或无。现实应用中可以进行计数、测速等操作。开关型霍尔传感器就是利用开关型霍尔集成电路制造的传感器。

线性型霍尔集成电路是让霍尔元件的输出与所加载的磁场强度呈线性比例，即霍尔元件输出电压越高，表示外加的磁场强度越大。在现实应用中，可以通过控制磁场的强弱来控制输出的电压。线性型霍尔传感器就是利用线性型霍尔集成电路制作的传感器。

连一连　如图 2-5-2 所示，为下面给出的 3 个应用场景选择合适的霍尔传感器，并写出你是依据什么原则进行的选择。

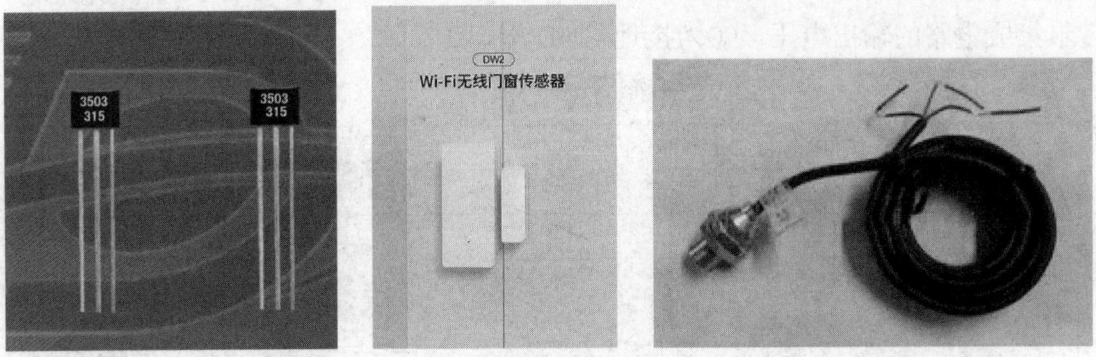

（A）线性型霍尔传感器　（B）无线开关型霍尔传感器　（C）有线开关型霍尔传感器

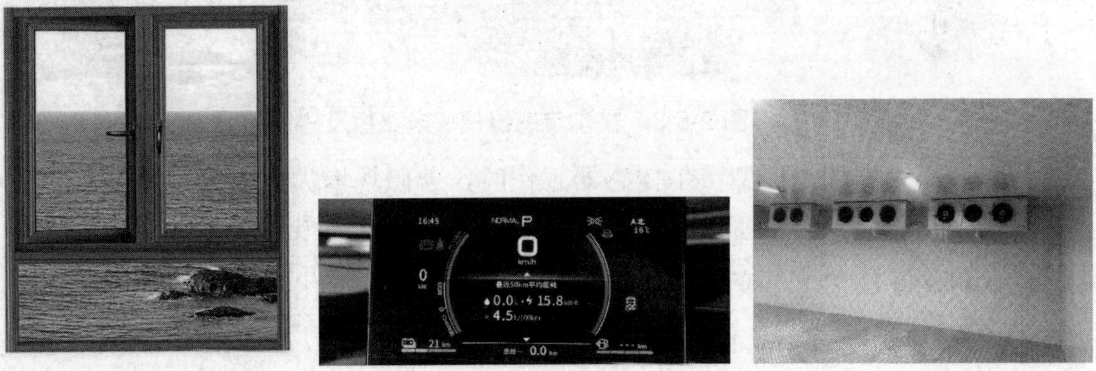

（a）普通门窗　（b）汽车速度显示　（c）冷库风机

图 2-5-2　选择合适的霍尔传感器

任务实施

设备与资源准备

任务实施前必须先准备好以下设备和资源，如表 2-5-1 所示。

表 2-5-1　任务 5 需准备的设备和资源

序号	设备/资源名称	数量	是否准备到位（√）
1	ZigBee 模块	1 个	
2	CC Debugger 仿真器	1 个	
3	12V 风扇模块	1 个	
4	继电器模块	1 个	
5	霍尔传感器模块	1 个	
6	NEWLab 实训平台	1 个	

1. 霍尔传感器模块认知

霍尔传感器模块电路板及磁铁如图 2-5-3 所示，电路板中数字对应模块如下。

①是由 4 个线性型霍尔集成电路构成的磁场强度检测电路（即线性型霍尔传感器的集成电路部分）；②、③均为开关型霍尔集成电路（即开关型霍尔传感器的集成电路部分）；④、⑤、⑥、⑦分别为线性型霍尔集成电路输出接线端口 J4、J6、J7、J5，用于测量线性型霍尔集成电路的输出电压；⑧、⑨分别为开关型霍尔集成电路输出接线端口 J2、J3，用于测量开

关型霍尔集成电路的输出电压；⑩为接地 GND 端口 J1。

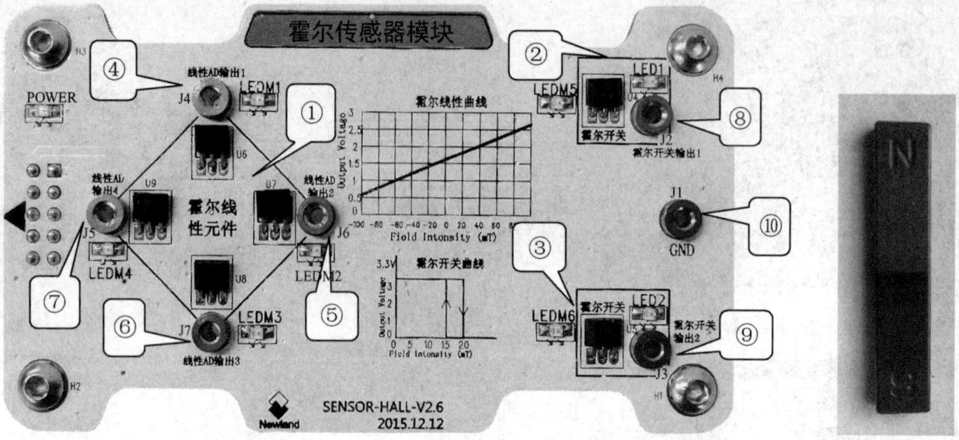

图 2-5-3　霍尔传感器模块电路板及磁铁

霍尔传感器模块中的线性型霍尔传感器工作时，若磁场增大，则线性型霍尔集成电路输出电压增大。当 4 个线性型霍尔集成电路所在区域磁场发生变化时，4 个线性型霍尔集成电路构成的模块可清晰反馈电压变化情况来表示该区域的磁场变化情况。

模块中开关型霍尔传感器工作时，当磁场增大到一定程度时，开关型霍尔集成电路输出电压发生跳变，从高电平变成低电平。两个开关型霍尔集成电路可依据输出高电平或低电平来表示门窗的开关状态。

2．霍尔传感器控制加湿器启停系统硬件连接

霍尔传感器控制加湿器启停系统硬件连接图如图 2-5-4 所示，系统由霍尔传感器模块、ZigBee 模块、继电器模块等硬件系统组成。其中 NEWLab 实训平台为霍尔传感器模块和 ZigBee 模块供电，并将采集到的门的状态发送给 CC2530 单片机，CC2530 单片机依据门的状态控制继电器模块启停加湿器（用风扇模拟）。

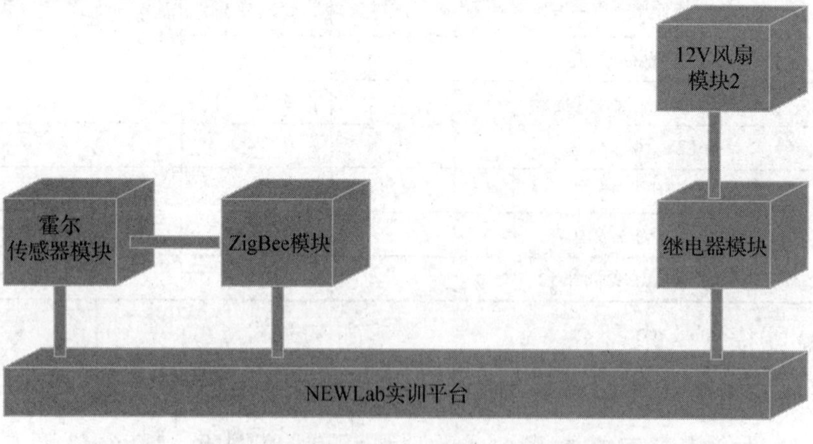

图 2-5-4　霍尔传感器控制加湿器启停系统硬件连接图

本任务的硬件连线图如图 2-5-5 所示。

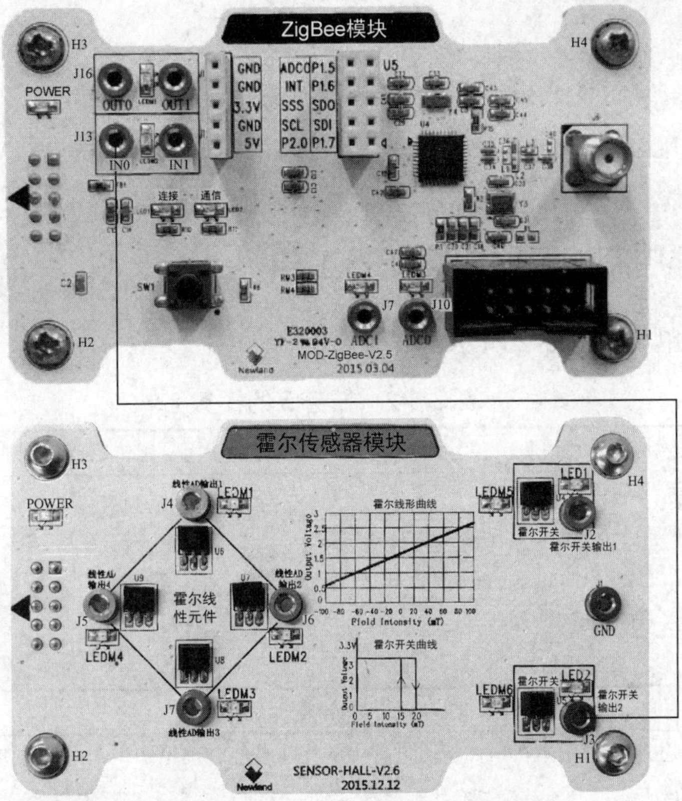

图 2-5-5 本任务的硬件连线图

按照下列步骤完成硬件连接。

- 使用香蕉线连接 ZigBee 模块 IN0 端口和霍尔传感器模块 J3 端口。
- 使用香蕉线连接 ZigBee 模块 OUT0 端口和继电器模块 J2 端口。
- 使用香蕉线连接 NEWLab 实训平台 12V“+”端口和风扇“+”端口。
- 使用香蕉线连接继电器模块 J9 端口和风扇“−”端口。
- 使用香蕉线连接继电器模块 J8 端口和 NEWLab 实训平台 12V“−”端口。

画一画 画出本次硬件搭建的原理框图。

3. 霍尔传感器控制加湿器启停系统程序设计思路

霍尔传感器控制加湿器启停系统程序设计流程图如图 2-5-6 所示。

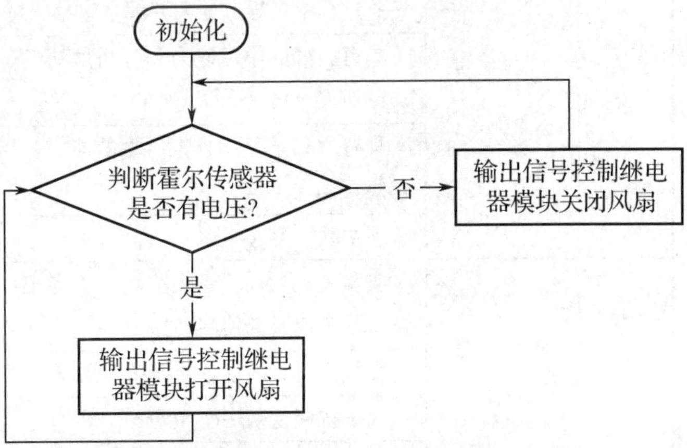

图 2-5-6 霍尔传感器控制加湿器启停系统程序设计流程图

4. IAR 下载程序

把 ZigBee 模块装入 NEWLab 实训平台，用 CC Debugger 仿真器的下载线连接 ZigBee 模块至主机 USB 接口，下载“霍尔传感器控制加湿器启停系统.hex”文件。

5．结果验证

程序烧写完成后，拿磁铁靠近③号开关型霍尔集成电路，此时该霍尔传感器输出灯 LED2 亮起，单片机控制继电器使风扇转动；将磁铁远离霍尔传感器模块后，③号开关型霍尔传感器模块输出灯 LED2 熄灭，单片机控制继电器使风扇停止转动。

使用霍尔传感器控制加湿器启停任务工单

本任务的任务工单如表 2-5-2 所示。

表 2-5-2　任务 5 的任务工单

项目 2　智能家居传感器技术应用	任务 5　使用霍尔传感器控制加湿器启停

一、本次任务关键知识引导

1．霍尔传感器分为两部分，一个是（　　　）部分，另一个是（　　　　　）部分。

2．霍尔元件的结构很简单，它由（　　　）、（　　）和（　　）组成。

3．霍尔集成电路按照输出信号的形式，可分为（　　　）和（　　　）两种。

二、任务检查与评价

评价方式	可采用自评、互评、教师评价等方式			
说　明	主要评价学生在项目学习过程中的操作技能、理论知识、学习态度、课堂表现、学习能力等			
序号	**评价内容**	**评价标准**	**分值**	**得分**
1	知识运用（20%）	掌握相关理论知识，完成本次任务关键知识的作答准确率（20 分）	20 分	
2	专业技能（40%）	独立完成 CC2530 单片机的程序烧写（+5 分）	40 分	
		独立完成继电器连线和环境搭建（+5 分）		
		按任务要求完成实验并做好记录（+10 分）		
		完成“连一连”中传感器的现场选型任务（+10 分）		
		联系选型场景，画出选型场景中传感器的工作框图（+10 分）		
3	核心素养（20%）	具有良好的自主学习、分析解决问题、帮助他人的能力，整个任务过程中指导过他人并解决过他人的问题（20 分）	20 分	
		具有较好的学习能力和分析解决问题的能力，任务过程中未指导过他人（15 分）		
		具有主动学习并收集信息的能力，遇到问题请教过他人并得以解决（10 分）		
		不主动学习（0 分）		
4	职业素养（20%）	实验完成后，设备无损坏、设备摆放整齐、工位区域内保持整洁、未干扰课堂秩序（20 分）	20 分	
		实验完成后，设备无损坏、未干扰课堂秩序（15 分）		
		未干扰课堂秩序（10 分）		
		干扰课堂秩序（0 分）		
总得分				

任务小结

知识与技能提升

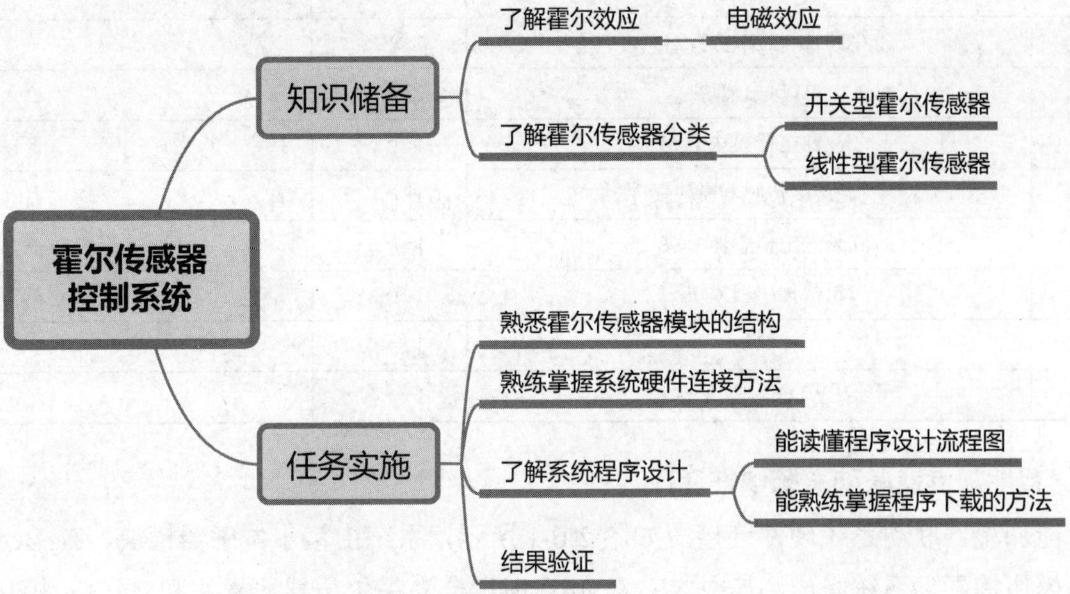

任务 6 智能家居联动系统

任务描述与要求

任务描述：

在完成所有传感器的应用后，小新用实验验证了其智能家居系统的可行性，下面要进行智能家居系统的搭建，完成空调和加湿器联动的智能控制改造，使房间的电器变得“聪明”起来。

任务要求：

- 应用 ZigBee 模块搭建智能家居模拟系统。
- 使用温湿度传感器模块检测房间的温度值和湿度值。
- 使用红外光电传感器模块检测窗户的开关状态。
- 使用霍尔传感器模块采集门的开关状态。
- 通过 ZigBee 模块读取门的开关状态，完成程序烧写，实现智能家居联动系统。

任务实施

设备与资源准备

任务实施前必须先准备好以下设备和资源，如表 2-6-1 所示。

表 2-6-1　任务 6 需准备的设备和资源

序号	设备/资源名称	数量	是否准备到位（√）
1	ZigBee 模块	1 个	
2	CC Debugger 仿真器	1 个	
3	12V 风扇模块	2 个	
4	继电器模块	1 个	
5	温湿度传感器模块	1 个	
6	红外光电传感器模块	1 个	
7	霍尔传感器模块	1 个	
8	计算机	1 台	
9	NEWLab 实训平台	1 个	

1．智能加湿器联动系统硬件连接

智能加湿器联动系统硬件连接图如图 2-6-1 所示，系统由霍尔传感器模块、ZigBee 模块、继电器模块等硬件系统组成。其中 NEWLab 实训平台为霍尔传感器模块和 ZigBee 模块供电，并将采集到的湿度值通过 CC2530 单片机处理后通过平台的串口传输给计算机显示出来，同时判断湿度值是否低于设定阈值，如果低于设定阈值，则 CC2530 单片机控制继电器启动加湿器（用风扇模拟）；反之，停止加湿器。CC2530 单片机还要检测霍尔传感器是否有效，当霍尔传感器有效时（磁铁靠近霍尔集成电路），说明门是关闭状态，加湿器被允许启动；反之，加湿器停止。

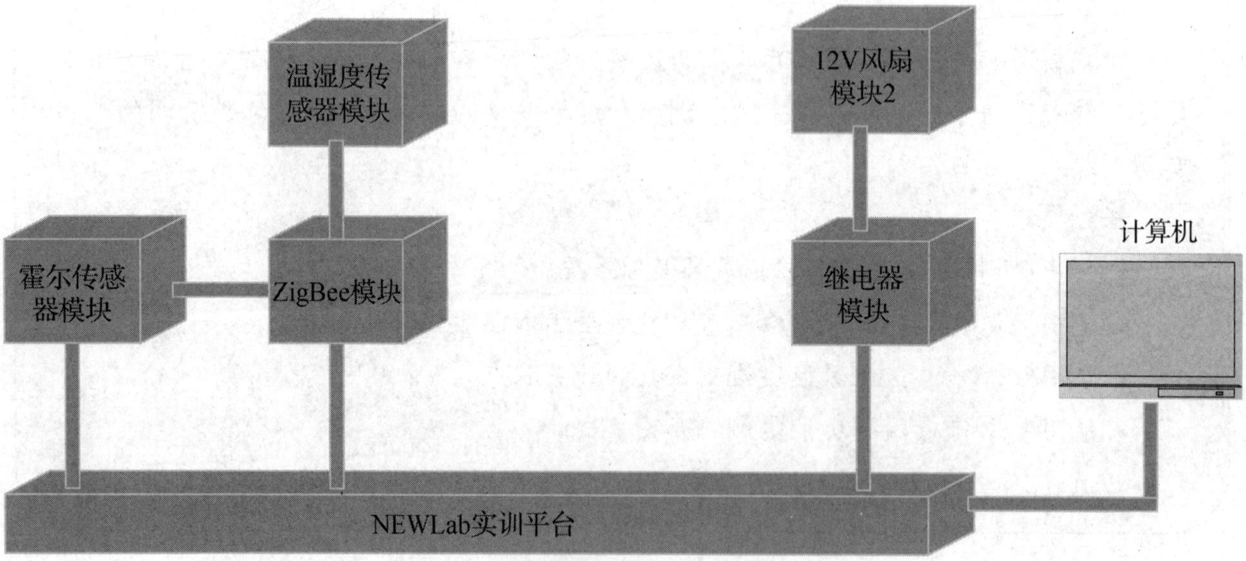

图 2-6-1　智能加湿器联动系统硬件连接图

按照下列步骤完成硬件连接。

- 把温湿度传感器模块插在 ZigBee 模块上。

- 使用香蕉线连接 ZigBee 模块 IN0 端口和继电器模块 J2 端口。
- 使用香蕉线连接 ZigBee 模块 IN1 端口和霍尔传感器模块 J3 端口。
- 使用香蕉线连接 NEWLab 实训平台 12V“+”端口和风扇“+”端口。
- 使用香蕉线连接继电器模块 J9 端口和风扇“-”端口。
- 使用香蕉线连接继电器模块 J8 端口和 NEWLab 实训平台 12V“-”端口。

画一画 画出本次硬件搭建的原理框图。

2．智能加湿器联动系统程序设计思路

智能加湿器联动系统程序设计流程图如图 2-6-2 所示。

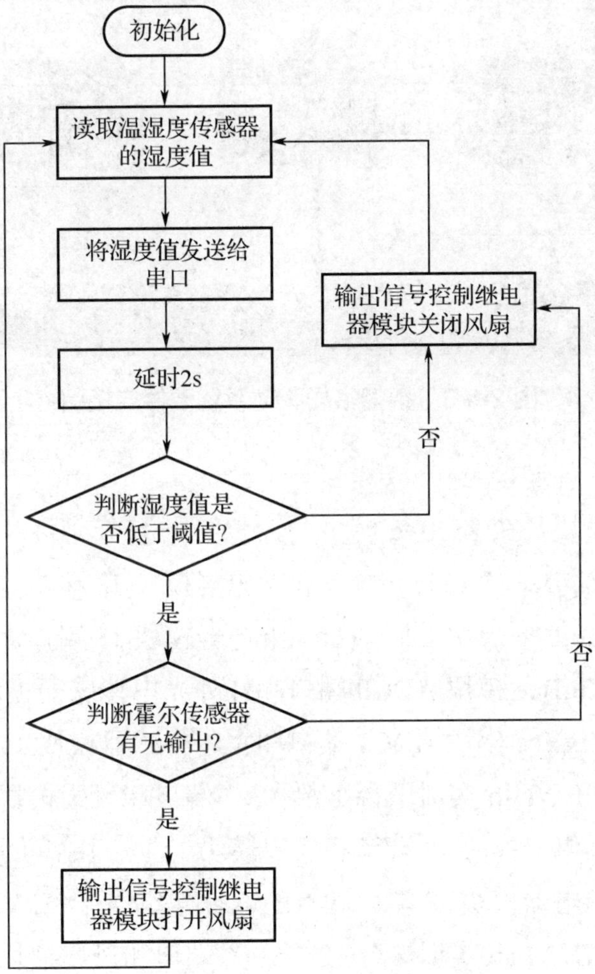

图 2-6-2 智能加湿器联动系统程序设计流程图

3．IAR 下载程序

把 ZigBee 模块装入 NEWLab 实训平台，用 CC Debugger 仿真器的下载线连接 ZigBee 模块至主机 USB 接口，下载“智能加湿器联动.hex”文件。

4．结果验证

程序烧写完成后，先在计算机上打开串口调试工具，查看湿度数据，再使用磁铁靠近霍

尔传感器，使霍尔传感器输出有效。当此刻湿度值低于阈值时，加湿器启动（用风扇模拟）。用手按住温湿度传感器，使温湿度传感器检测到的湿度值升高，当湿度值高于阈值时，加湿器停止工作。在加湿器工作的时候，拿走霍尔传感器附近的磁铁，加湿器立即停止工作。

5. 智能家居联动系统硬件连接

在智能加湿器联动系统的基础上，将前边学过的智能空调联动系统组合搭建起来，硬件连接图如图 2-6-3 所示。

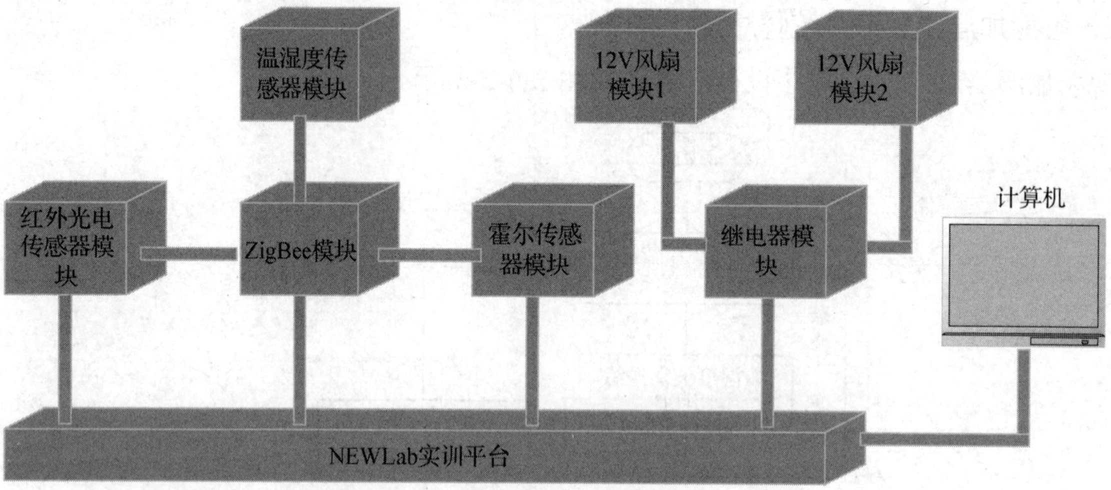

图 2-6-3　智能家居联动系统硬件连接图

按照下列步骤完成硬件连接。

- 把温湿度传感器模块插在 ZigBee 模块上。
- 使用香蕉线连接 ZigBee 模块 IN0 端口和继电器模块 J2 端口。
- 使用香蕉线连接 ZigBee 模块 IN1 端口和继电器模块 J5 端口。
- 使用香蕉线连接 ZigBee 模块 ADC0 端口和红外光电传感器模块 J6 端口。
- 使用香蕉线连接 ZigBee 模块 ADC1 端口和霍尔传感器模块 J3 端口。
- 使用香蕉线连接 NEWLab 实训平台 12V “+” 端口和风扇模块 1 “+” 端口。
- 使用香蕉线连接继电器模块 J9 端口和风扇模块 1 “-” 端口。
- 使用香蕉线连接继电器模块 J8 端口和 NEWLab 实训平台 12V “-” 端口。
- 使用香蕉线连接 NEWLab 实训平台 12V “+” 端口和风扇模块 2 “+” 端口。
- 使用香蕉线连接继电器模块 J12 端口和风扇模块 2 “-” 端口。
- 使用香蕉线连接继电器模块 J11 端口和 NEWLab 平台 12V “-” 端口。

画一画　画出本次硬件搭建的原理框图。

6. 智能家居联动系统程序设计思路

智能家居联动系统程序设计流程图如图 2-6-4 所示。

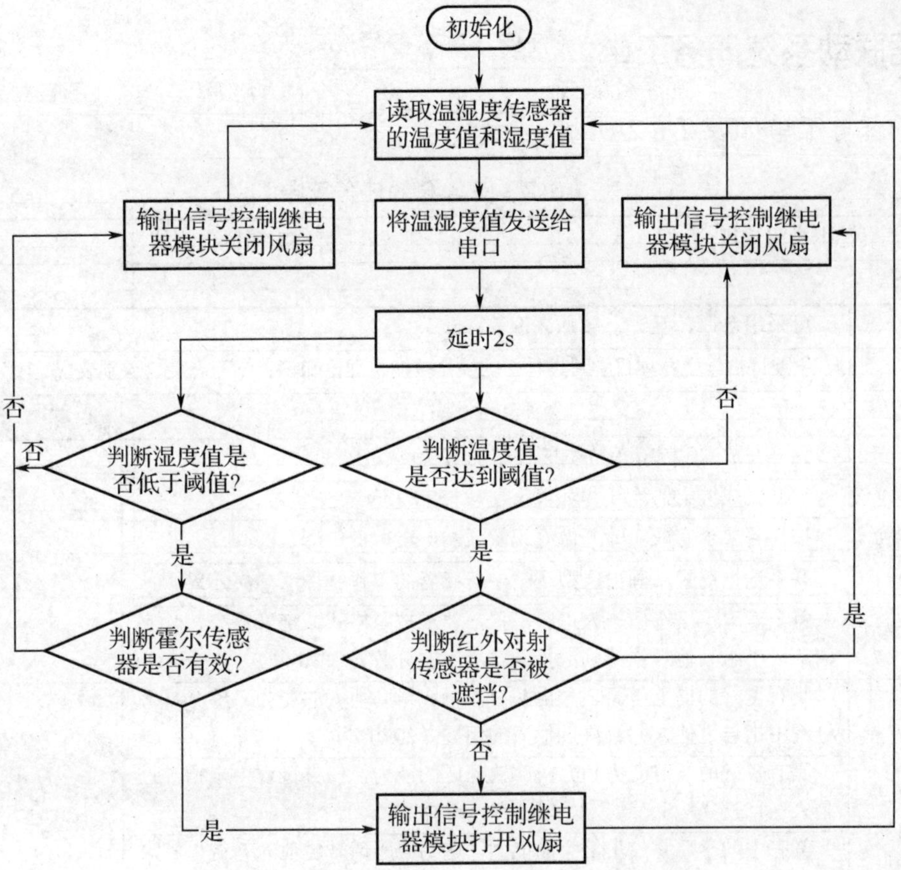

图 2-6-4 智能家居联动系统程序设计流程图

7．IAR 下载程序

把 ZigBee 模块装入 NEWLab 实训平台，用 CC Debugger 仿真器的下载线连接 ZigBee 模块至主机 USB 接口，下载“智能家居联动.hex”文件。

8．结果验证

程序烧写完成后，先在计算机上打开串口调试工具，查看温度和湿度数据，再使用磁铁靠近霍尔传感器，使霍尔传感器输出有效，保持红外对射光电传感器没有被遮挡。当此刻温度值低于设定的温度阈值时，空调（用风扇模块 1 模拟）处于停止状态；而湿度值低于设定的湿度阈值时，加湿器（用风扇模块 2 模拟）处于启动状态。用手按住温湿度传感器，使温湿度传感器检测到的温度值和湿度值升高，当温度值高于温度阈值时，空调处于工作状态，而当湿度值高于湿度阈值时，加湿器处于停止状态。在空调工作的时候，遮挡红外对射光电传感器，则空调立即停止工作；在加湿器工作的时候，拿走霍尔传感器附近的磁铁，则加湿器立即停止工作。

想一想 小新在完成这个智能家居联动系统时，针对传感器的使用发现了一个瑕疵，你能找出这个瑕疵吗？如果让你来修改这个瑕疵，那么你要怎么做呢？

智能家居联动系统任务工单

本任务的任务工单如表 2-6-2 所示。

表 2-6-2　任务 6 的任务工单

项目 2　智能家居传感器技术应用		任务 6　智能家居联动系统		
任务检查与评价				
评价方式	可采用自评、互评、教师评价等方式			
说　明	主要评价学生在项目学习过程中的操作技能、理论知识、学习态度、课堂表现、学习能力等			
序号	**评价内容**	**评价标准**	**分值**	**得分**
1	专业技能（60%）	独立完成 CC2530 单片机的程序烧写（+5 分）	60 分	
		独立完成继电器连线和环境搭建（+5 分）		
		按任务要求完成实验并做好记录（+10 分）		
		联系选型场景，画出选型场景中传感器的工作框图（+10 分）		
		每个学习小组选出一人进行汇报，要求按照格式，声音洪亮，吐字清晰（小组其他学生得到汇报同学一半的分数）（+30 分）		
2	核心素养（20%）	具有良好的自主学习、分析解决问题、帮助他人的能力，整个任务过程中指导过他人并解决过他人的问题（20 分）	20 分	
		具有较好的学习能力和分析解决问题的能力，任务过程中未指导过他人（15 分）		
		具有主动学习并收集信息的能力，遇到问题请教过他人并得以解决（10 分）		
		不主动学习（0 分）		
3	职业素养（20%）	实验完成后，设备无损坏、设备摆放整齐、工位区域内保持整洁、未干扰课堂秩序（20 分）	20 分	
		实验完成后，设备无损坏、未干扰课堂秩序（15 分）		
		未干扰课堂秩序（10 分）		
		干扰课堂秩序（0 分）		
总得分				

任务小结

知识与技能提升

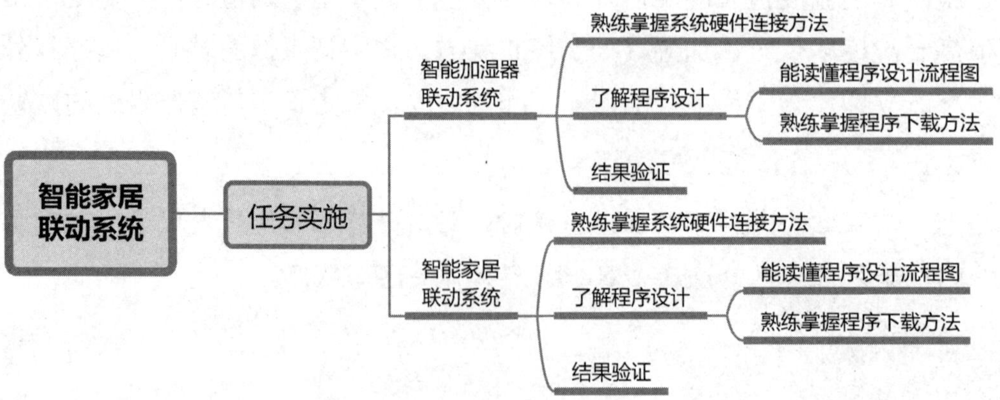

项目 3

智能安防传感器技术应用

项目学习目标

1. 知识目标

- 了解压电效应的概念、分类和定义。
- 了解压电材料的分类。
- 了解金属电阻应变效应的概念。
- 了解金属电阻应变片的分类。
- 了解压电传感器和称重传感器的结构和应用领域。
- 巩固声音传感器、红外对射光电传感器、霍尔传感器的结构和应用领域。

2. 技能目标

- 能够辨识压电传感器和称重传感器。
- 能依据需求进行压电传感器和称重传感器的选型。
- 熟练掌握串口调试助手的配置使用方法。
- 能够综合使用压电传感器、称重传感器、声音传感器、红外对射光电传感器、霍尔传感器、继电器和执行器完成智能安防场景的模拟搭建。

3. 素养目标

- 进一步培养良好的团结协作、沟通交流和书面表达能力。
- 初步培养细致缜密的工作态度。

引导案例

智能家居不仅能提高我们的生活品质，还能为用户提供更安全的服务。智能家居安防系统综合采集各传感器信息进行智能处理，判断用户的家是否安全，一旦发现异常就会进行报警并将异常信息发送至用户手机。

基于 CC2530 单片机为核心的智能家居安防系统，实现阳台入侵检测、门窗异常开启检测、保险柜异常检测、声音异常检测、入侵人员体重检测。红外对射光电传感器、霍尔（门窗）传感器、压电传感器、声音传感器中任何一个传感器在智能家居安防系统布防时被触发，都会立刻启动报警装置，并将传感器异常信息发送至用户手机。

项目概述

本项目使用 NEWLab 实训平台中的红外光电传感器模块、霍尔传感器模块、压电传感器模块、声音传感器模块来采集布防时家内环境信息，用以 CC2530 单片机为核心的 ZigBee 模块控制报警灯模块，搭建的智能家居安防系统连接图如图 3-0-1 所示。红外对射光电传感器用于检测阳台是否有人入侵，霍尔传感器用于检测门窗是否异常开启，压电传感器用于检测保险柜前是否有人，声音传感器用于检测屋内是否有异常响动，称重传感器用于检测入侵人员体重并记录。在布防的状态下，当其中任何一个传感器被触发时，数据都将被传送至 CC2530 单片机中，CC2530 单片机依据数据控制继电器点亮报警灯，并用串口将报警数据传送至串口调试助手。

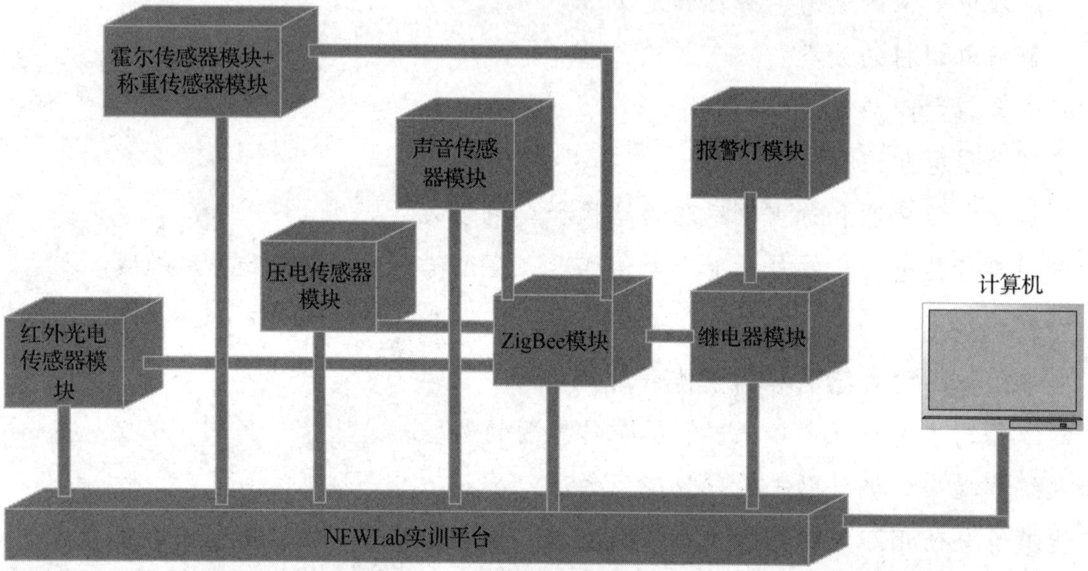

图 3-0-1 智能家居安防系统连接图

任务 1 压电传感器触发报警系统

任务描述与要求

任务描述：

小新在完成了智能家居联动系统控制后，对于家庭安全更为上心了，他准备引入两种新的传感器，再加上以前用过的一些传感器，来构建他的智能家居安防系统。他选择的新的传感器有压电传感器和称重传感器，让我们拭目以待吧！

任务要求：

- 应用 ZigBee 模块搭建压电传感器触发报警系统。
- 使用压电传感器模块采集小新的保险柜前是否有人长时间停留。
- 当压电传感器被触发时，单片机控制继电器点亮报警灯并使用串口发送信息“请注意，保险柜前方有人停留”。
- 完成程序烧写，实现压电传感器触发报警系统。

知识储备

1. 压电效应的概念、分类和定义

对压电材料施加压力会产生电位差，对压电材料施加电压会产生机械应力，这种现象叫作压电效应。

从压电效应的概念中可以看出，压电效应分为正压电效应和逆压电效应两种。

压电体受到外机械力作用而发生电极化，并导致压电体两端口表面出现符号相反的束缚电荷，其电荷密度与外机械力成正比，这种现象称为正压电效应。压电体受到外电场作用而发生形变，其形变量与外电场强度成正比，这种现象称为逆压电效应。具有正压电效应的固体，也必定具有逆压电效应，反之亦然。晶体是否具有压电效应，是由晶体结构的对称性决定的。正压电效应原理图如图 3-1-1 所示。

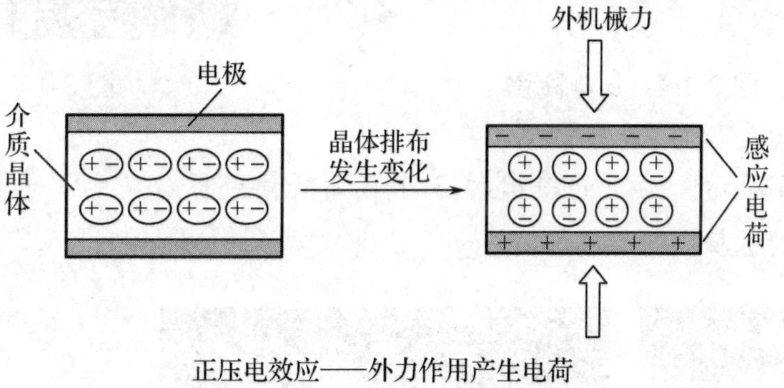

图 3-1-1　正压电效应原理图

说一说　你能说出压电传感器有哪些使用场景吗？

2. 压电传感器简介

压电传感器是将被测量的变化转换成材料受机械力产生静电电荷或电压变化的传感器，是一种典型的、有源的、双向机电能量转换型传感器或自发电型传感器。压电传感器是机电转换元件，它可以测量最终能变换为力的非电物理量，如压力、阻力等。

画一画　画出压电传感器的结构框图。

3. 压电材料简介

常见的压电材料有压电晶体和压电陶瓷，在压电晶体中比较常见的是石英晶体和铌酸锂晶体，如图 3-1-2 和图 3-1-3 所示。而目前压电半导体材料被使用得越来越多，它是一种高分子压电材料，也叫压电薄膜。在实验中使用的压电传感器模块用的就是压电薄膜材质的。压电陶瓷如图 3-1-4 所示，压电薄膜如图 3-1-5 所示。

图 3-1-2　石英晶体

图 3-1-3　铌酸锂晶体

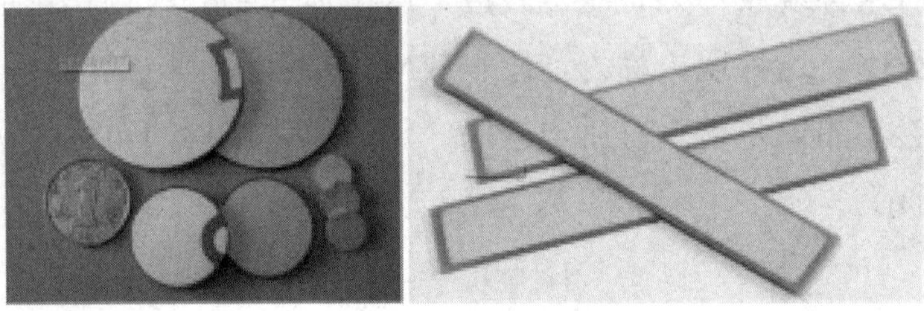

图 3-1-4　压电陶瓷

图 3-1-5　压电薄膜

连一连　如图 3-1-6 所示，为下面给出的 3 个应用场景选择合适的压电传感器，并写出你是依据什么原则进行的选择。

（A）电子地磅　（B）压电薄膜　（C）压电加速度传感器

图 3-1-6　选择合适的压电传感器

（a）薄膜面板　　（b）智能汽车　　（c）货车超载检查

图 3-1-6　选择合适的压电传感器（续）

任务实施

设备与资源准备

任务实施前必须先准备好以下设备和资源，如表 3-1-1 所示。

表 3-1-1　任务 1 需准备的设备和资源

序号	设备/资源名称	数量	是否准备到位（√）
1	ZigBee 模块	1 个	
2	CC Debugger 仿真器	1 个	
3	继电器模块	1 个	
4	报警灯模块	1 个	
5	压电传感器模块	1 个	
6	计算机	1 台	
7	NEWLab 实验平台	1 个	

1. 压电传感器模块认识

NEWLab 实训平台的压电传感器模块可以采集压力变化情况，转换输出为对应电压，并可通过放大、比较电路输出结果电压。压电传感器模块实物图及结构图如图 3-1-7 所示。

模块各部分名称及功能如下。

① 压电振动传感器，用于采集外界压力。

② 电荷放大模块，用于放大电荷信号。

③ 灵敏度调节器，用于调节所接收压力的大小。

④ 信号放大比较器模块，进一步地放大信号。

⑤ 铁质支持柱，用于吸附和支持 NEWLab 实训平台。

⑥ 传感器信号输出端口，可检测未放大的传感器信号电压。

⑦ 电荷信号放大输出端口，用于检测一级放大后的信号电压。

⑧ 放大信号输出端口，用于检测二级放大后的信号电压。

⑨ 比较输出端口，最终信号输出端口。

⑩ 接地 GND 端口。

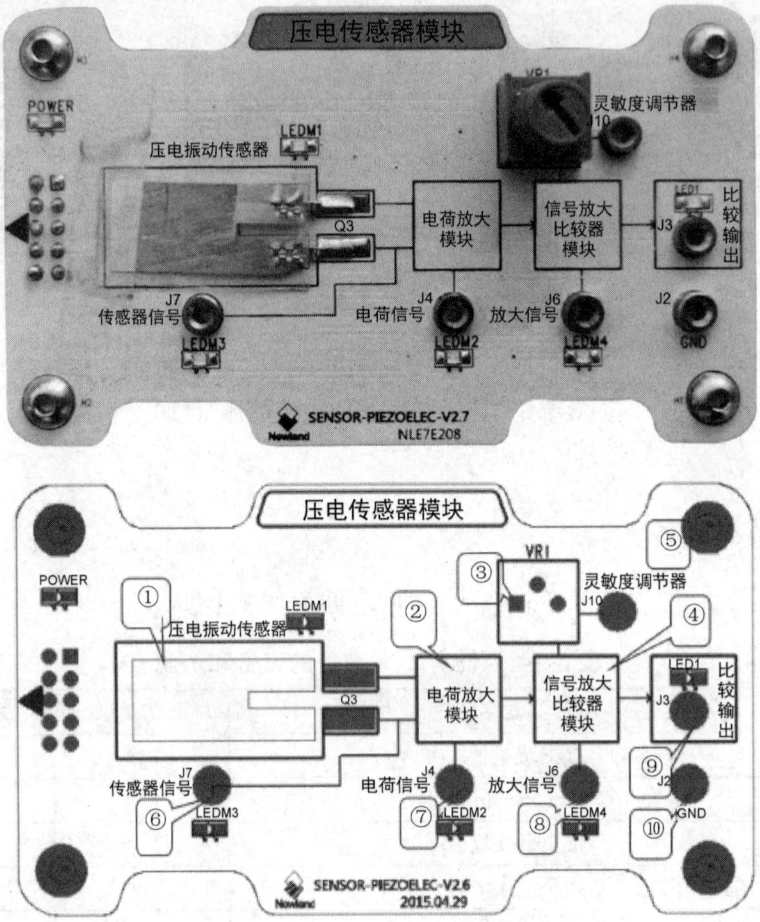

图 3-1-7　压电传感器模块实物图及结构图

2. 压电传感器触发报警系统硬件连接

本任务使用压电传感器模块采集压力信号，其输出的开关量信号送至 CC2530 单片机。CC2530 单片机判断压力信号的情况、控制继电器点亮与熄灭报警灯。压电传感器触发报警系统硬件连接图如图 3-1-8 所示。

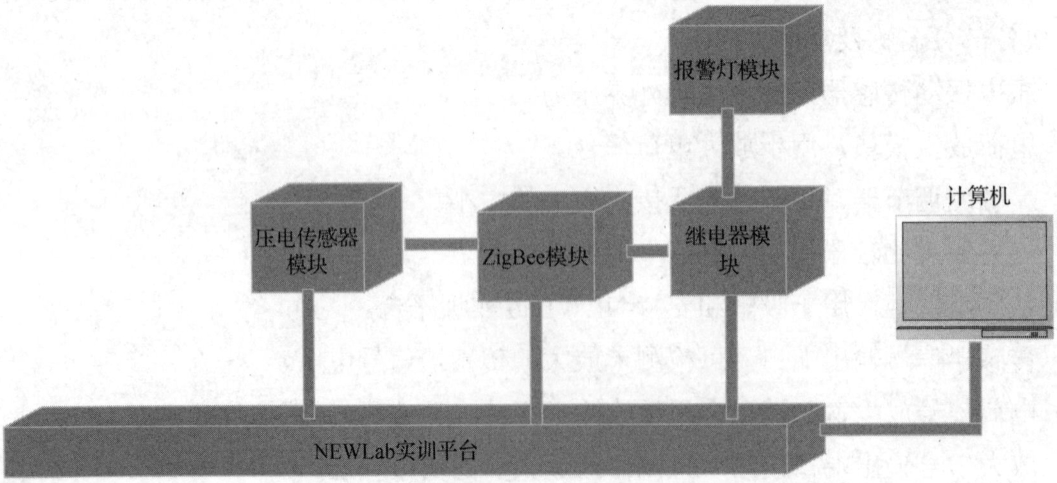

图 3-1-8　压电传感器触发报警系统硬件连接图

按照下列步骤完成硬件连接。

- 使用香蕉线连接 ZigBee 模块 IN0 和压电传感器模块比较输出端口 J3。
- 使用香蕉线连接 ZigBee 模块 OUT0 端口和继电器模块 J2 端口。
- 使用香蕉线连接 NEWLab 实训平台 12V“+”端口和报警灯“+”端口。
- 使用香蕉线连接继电器模块 J9 端口和报警灯“−”端口。
- 使用香蕉线连接继电器模块 J8 端口和 NEWLab 实训平台 12V“−”端口。

3．压电传感器触发报警系统程序设计流程图

压电传感器触发报警系统程序设计流程图如图 3-1-9 所示。

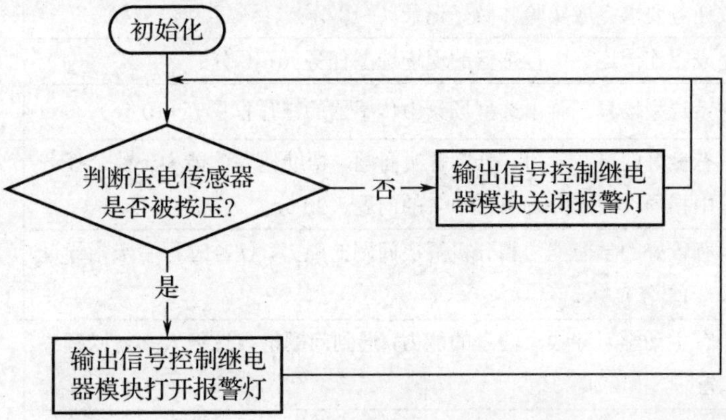

图 3-1-9　压电传感器触发报警系统程序设计流程图

4．IAR 下载程序

把 ZigBee 模块装入 NEWLab 实训平台，用 CC Debugger 仿真器的下载线连接 ZigBee 模块至主机 USB 接口，下载“压力传感器触发报警系统.hex”文件。

5．结果验证

程序烧写完成后，用手按压压电传感器模块的压电薄膜，达到压力阈值后，报警灯会被点亮，计算机上的串口调试助手接收到“请注意，保险柜前方有人停留”的信息。

压电传感器触发报警系统任务工单

本任务的任务工单如表 3-1-2 所示。

表 3-1-2　任务 1 的任务工单

项目 1　智能安防传感器技术应用	任务 1　压电传感器触发报警系统
一、本次任务关键知识引导	
1．从压电效应的概念中可以看出，压电效应分为（　　　　）和（　　　　）两种。	
2．压电传感器是将（　　　　）转换成材料受机械力产生（　　　　）的传感器。	
3．常见的压电材料有（　　　　）和（　　　　）。	
4．常见的压电晶体有（　　　　）和（　　　　）。	

续表

二、任务检查与评价

评价方式	可采用自评、互评、教师评价等方式			
说　明	主要评价学生在项目学习过程中的操作技能、理论知识、学习态度、课堂表现、学习能力等			
序号	评价内容	评价标准	分值	得分
1	知识运用（20%）	掌握相关理论知识，完成本次任务关键知识引导的作答准确率（20 分）	20 分	
2	专业技能（40%）	独立完成 CC2530 单片机的程序烧写（+5 分）	40 分	
		按任务要求做出实验现象并做好记录（+5 分）		
		按任务要求完成实验并做好记录（+10 分）		
		完成“连一连”中传感器的现场选型任务（+10 分）		
		联系选型场景，画出选型场景中传感器的工作框图（+10 分）		
3	核心素养（20%）	具有良好的自主学习、分析解决问题、帮助他人的能力，整个任务过程中指导过他人并解决过他人的问题（20 分）	20 分	
		具有较好的学习能力和分析解决问题的能力，任务过程中未指导过他人（15 分）		
		具有主动学习并收集信息的能力，遇到问题请教过他人并得以解决（10 分）		
		不主动学习（0 分）		
4	职业素养（20%）	实验完成后，设备无损坏、设备摆放整齐、工位区域内保持整洁、未干扰课堂秩序（20 分）	20 分	
		实验完成后，设备无损坏、未干扰课堂秩序（15 分）		
		未干扰课堂秩序（10 分）		
		干扰课堂秩序（0 分）		
总得分				

任务小结

知识与技能提升

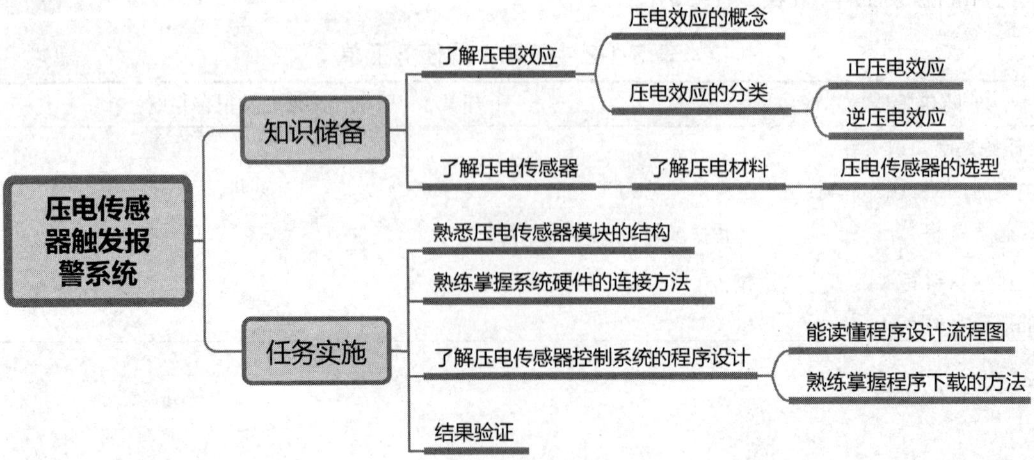

任务 2 称重传感器触发报警系统

任务描述与要求

任务描述：

小新完成了压电传感器触发报警系统的设计，下面就要轮到称重传感器了，称重传感器要怎么使用呢？小新经过了很长时间的思考后认为称重传感器在安防系统中不能单独使用，要配合门窗传感器来使用。也就是说，当在布防状态时，门窗传感器检测到被开启，被人入侵，则称重传感器此时配合检测入侵人员体重并记录。

任务要求：

- 应用 ZigBee 模块搭建门窗传感器和称重传感器触发报警系统。
- 使用称重传感器模块采集入侵人员的体重并保存。
- 当门窗传感器被触发时，单片机控制继电器点亮报警灯并使用串口发送信息“请注意，大门遭人入侵，入侵人员体重为××公斤”。
- 完成程序烧写，实现称重传感器触发报警系统。

知识储备

1．金属电阻应变效应的概念

金属导体在外力作用下发生机械变形时，电阻阻值随着其所受机械变形（伸长或缩短）的变化而发生变化的现象，称为金属电阻的应变效应。与压电效应相对应，这种现象被称为压阻效应，如图 3-2-1 所示。

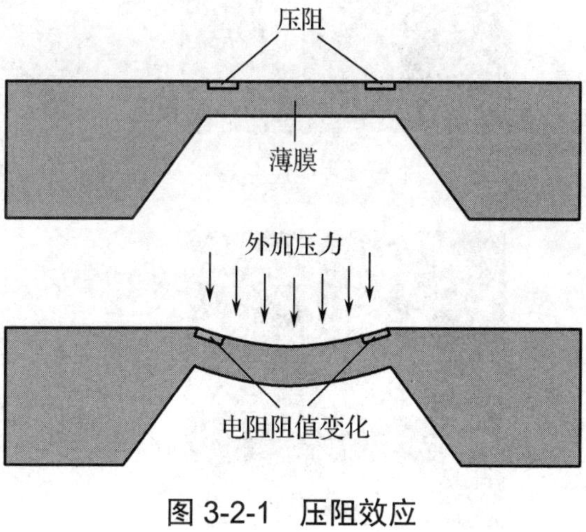

图 3-2-1 压阻效应

说一说 你能说出压阻传感器的哪些使用场景？

2．压阻传感器简介

压阻传感器是基于测量物体受力变形所产生电阻阻值变化的一种传感器，其最常用的传感元件为电阻应变片。它将被测量的变化转换成传感元件电阻阻值的变化，再经过转换电路变成电信号输出。它具有结构简单、使用方便、性能稳定、灵敏度强、测量速度快等优点。

画一画 画出压阻传感器的结构框图。

3. 电阻应变片简介

电阻应变片是用于测量应变的元件，它能将机械构件上应变的变化转换为电阻阻值的变化。电阻应变片由 Φ 为 0.02～0.05mm 的康铜丝或镍铬丝绕成栅状（或用很薄的金属箔腐蚀成栅状）夹在两层绝缘薄片（基体）中制成，如图 3-2-2（a）所示。

电阻应变片主要有金属和半导体两类，金属电阻应变片有金属丝式、箔式、薄膜式之分。而半导体电阻应变片具有灵敏度高（通常是丝式、箔式的几十倍）、横向效应小等优点，如图 3-2-2（b）所示。

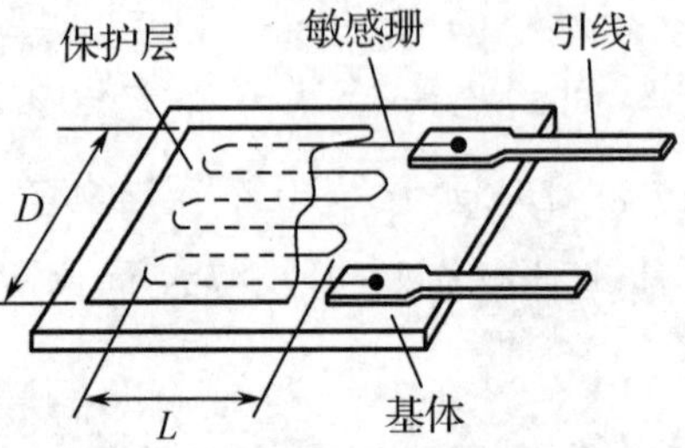

（a）金属

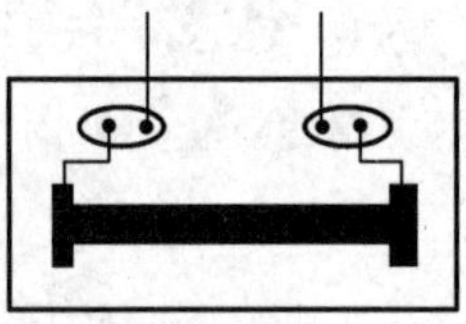
（b）半导体

图 3-2-2　应变片结构

连一连　如图 3-2-3 所示，为下面给出的 3 个应用场景选择合适的称重传感器，并写出你是依据什么原则进行的选择。

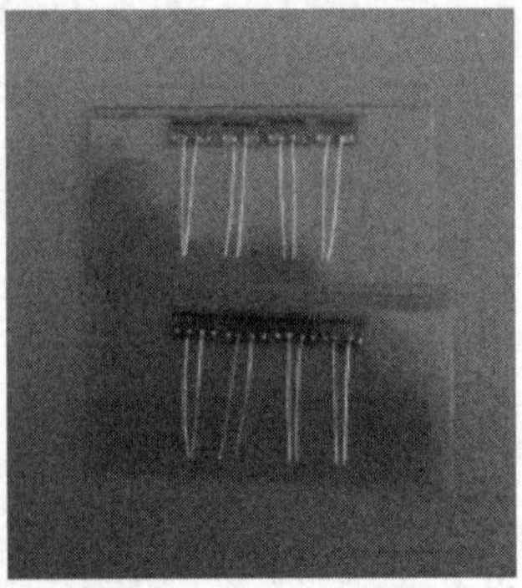
（A）半导体电阻应变片

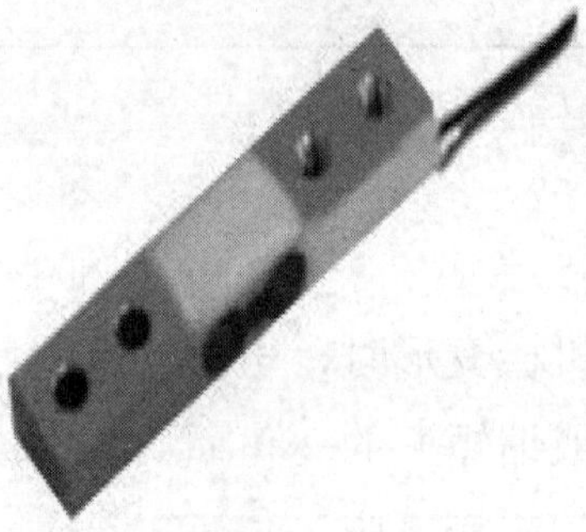
（B）金属电阻应变片

（C）无线压阻传感器

（a）下水道压力检测

（b）拳头力量游戏机

（c）普通电子秤

图 3-2-3　选择合适的称重传感器

任务实施

设备与资源准备

任务实施前必须先准备好以下设备和资源，如表 3-2-1 所示。

表 3-2-1　任务 2 需准备的设备和资源

序号	设备/资源名称	数量	是否准备到位（√）
1	ZigBee 模块	1 个	
2	CC Debugger 仿真器	1 个	
3	继电器模块	1个	
4	报警灯模块	1 个	
5	称重传感器模块	1 个	
6	霍尔（门窗）传感器模块	1 个	
7	计算机	1 台	
8	NEWLab 实训平台	1个	

1. 称重传感器模块认识

NEWLab 实训平台的称重传感器模块可以采集声音变化情况，转换输出为对应电压，并可通过放大、比较电路输出结果电压。称重传感器模块实物图及结构图如图 3-2-4 所示。

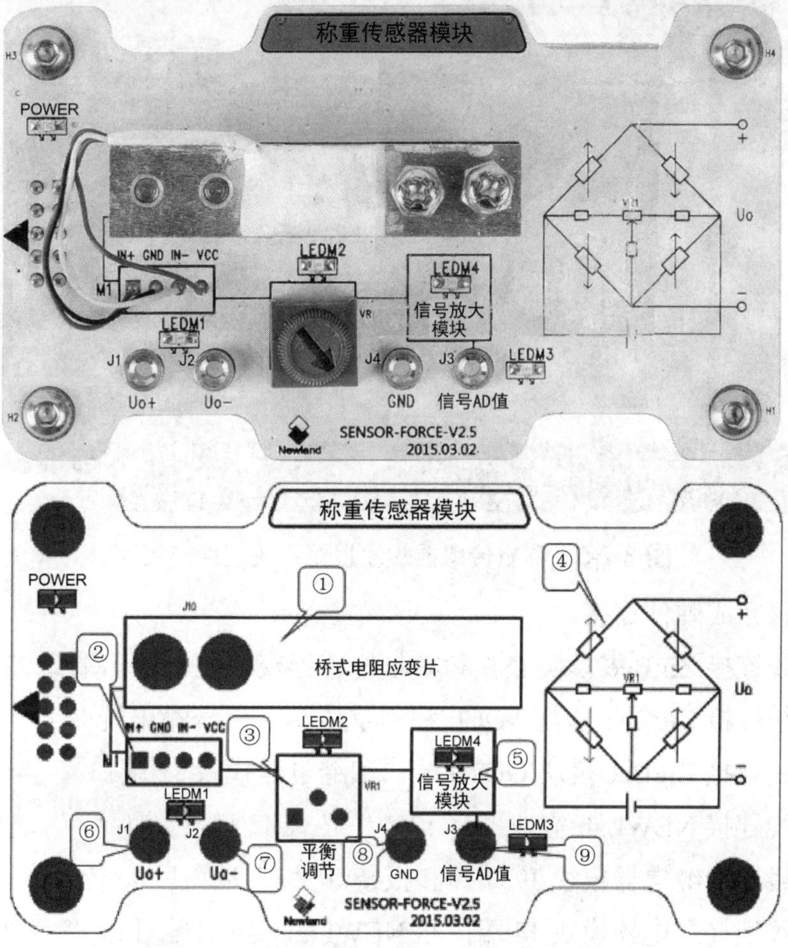

图 3-2-4　称重传感器模块实物图及结构图

模块各部分名称及功能如下。

① 桥式电阻应变片，用于采集外界压力。

② 桥式电阻应变片电源及信号线，用于电源输入、信号输出。

③ 灵敏度调节器，用于调节所接收压力的大小。

④ 桥式电阻应变片平衡电路。

⑤ 信号放大模块，用于信号放大。

⑥ J1 接口 Uo+，用于测量直流电桥平衡电路输出的正端口电压。

⑦ J2 接口 Uo−，用于测量直流电桥平衡电路输出的负端口电压。

⑧ 接地 GND 端口。

⑨ 最终信号输出端口，用于测量信号 AD 值。

2．称重传感器触发报警系统硬件连接

本任务使用门窗传感器模块采集门窗状态信号，将其输出的开关量信号送至 CC2530 单片机，CC2530 单片机判断门窗状态信号的情况，控制继电器点亮与熄灭报警灯且使用称重传感器记录入侵人员体重并输出。称重传感器触发报警系统硬件连接图如图 3-2-5 所示。

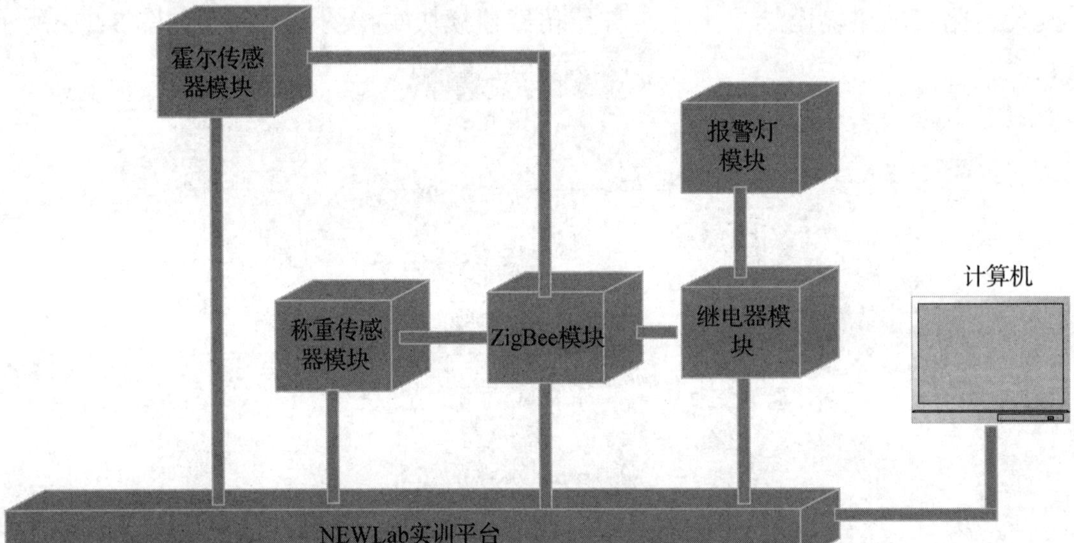

图 3-2-5　称重传感器触发报警系统硬件连接图

按照下列步骤完成硬件连接。

- 使用香蕉线连接 ZigBee 模块 IN0 和霍尔传感器模块比较输出端口 J3。
- 使用香蕉线连接 ZigBee 模块 ADC0 和称重传感器信号输出端口 J3。
- 使用香蕉线连接 ZigBee 模块 OUT0 端口和继电器模块 J2 端口。
- 使用香蕉线连接 NEWLab 实训平台 12V“+”端口和报警灯“+”端口。
- 使用香蕉线连接继电器模块 J9 端口和报警灯“−”端口。
- 使用香蕉线连接继电器模块 J8 端口和 NEWLab 实训平台 12V“−”端口。

3. 称重传感器触发报警系统程序设计流程图

称重传感器触发报警系统流程图如图 3-2-6 所示。

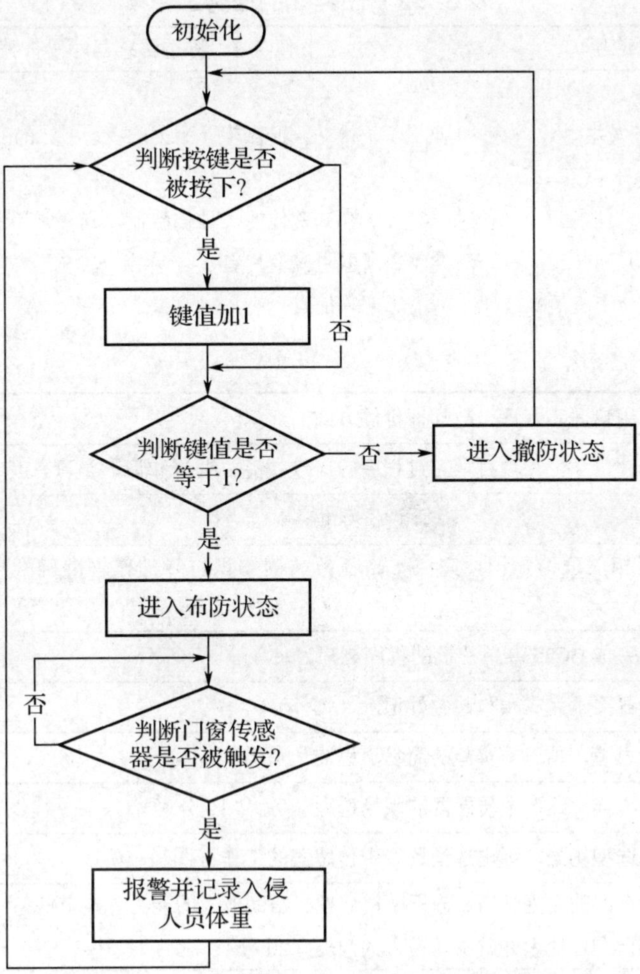

图 3-2-6　称重传感器触发报警系统流程图

4. IAR 下载程序

把 ZigBee 模块装入 NEWLab 实训平台，用 CC Debugger 仿真器的下载线连接 ZigBee 模块至主机 USB 接口，下载“称重传感器触发报警系统.hex”文件。

5. 结果验证

程序烧写完成后，先单击 ZigBee 模块按键，在计算机串口调试助手处收到“进入布防状态”信息；再将放在霍尔传感器附近的磁铁拿开，在计算机串口调试助手处收到“请注意，大门遭人入侵，入侵人员体重为××公斤”，并且报警灯被点亮；最后单击 ZigBee 模块按键，计算机串口调试助手处收到“已撤防”信息，报警灯熄灭。

称重传感器触发报警系统任务工单

本任务的任务工单如表 3-2-2 所示。

表 3-2-2 任务 2 的任务工单

项目 3 智能安防传感器技术应用　　任务 2 称重传感器触发报警系统

一、本次任务关键知识引导

1．金属导体在（ ）作用下发生（ ）时，（ ）随着其所受（ ）的变化而发生变化的现象，称为金属电阻的（ ）效应。

2．压阻传感器是基于（ ）所产生（ ）变化的一种传感器，其最常用的传感元件为（ ）。

3．电阻应变片主要有（ ）和（ ）两类，金属电阻应变片有（ ）式、（ ）式、（ ）式之分。

4．半导体电阻应变片具有（ ）、（ ）等优点。

二、任务检查与评价

评价方式		可采用自评、互评、教师评价等方式		
说　明		主要评价学生在项目学习过程中的操作技能、理论知识、学习态度、课堂表现、学习能力等		
序号	评价内容	评价标准	分值	得分
1	知识运用（20%）	掌握相关理论知识，完成本次任务关键知识引导的作答准确率（20 分）	20 分	
2	专业技能（40%）	独立完成 CC2530 单片机的程序烧写（+5 分）	40 分	
		按任务要求完成实验并做好记录（+5 分）		
		深入思考，画出本实验的简易流程图（+10 分）		
		完成“连一连”中传感器的现场选型任务（+10 分）		
		联系选型场景，画出选型场景中传感器的工作框图（+10 分）		
3	核心素养（20%）	具有良好的自主学习、分析解决问题、帮助他人的能力，整个任务过程中指导过他人并解决过他人的问题（20 分）	20 分	
		具有较好的学习能力和分析解决问题的能力，任务过程中未指导过他人（15 分）		
		具有主动学习并收集信息的能力，遇到问题请教过他人并得以解决（10 分）		
		不主动学习（0 分）		
4	职业素养（20%）	实验完成后，设备无损坏、设备摆放整齐、工位区域内保持整洁、未干扰课堂秩序（20 分）	20 分	
		实验完成后，设备无损坏、未干扰课堂秩序（15 分）		
		未干扰课堂秩序（10 分）		
		干扰课堂秩序（0 分）		
总得分				

任务小结

知识与技能提升

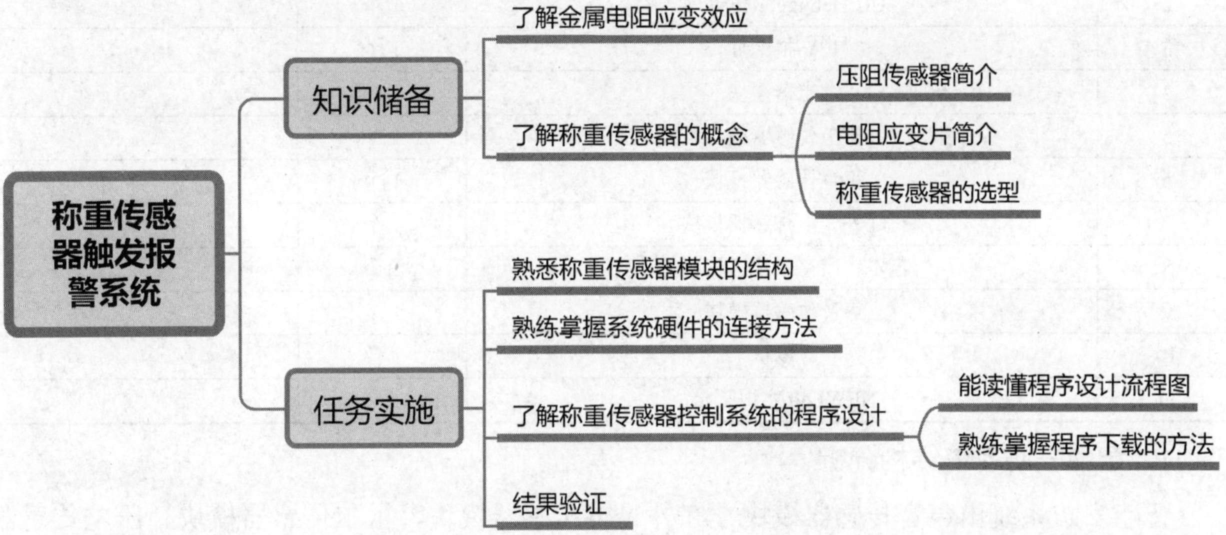

任务 3 智能安防系统

任务描述与要求

任务描述：

接下来，小新打算完成智能安防系统，使用项目 1～项目 2 已经学过的传感器和本项目所学的传感器，包括红外对射光电传感器、声音传感器、霍尔（门窗）传感器、压电传感器、称重传感器。

任务要求：

- 综合使用红外对射光电传感器、声音传感器、霍尔传感器、压电传感器、称重传感器，实现智能安防模拟系统。
- 红外对射光电传感器、声音传感器、霍尔传感器、压电传感器检测入侵，被触发就报警，当霍尔传感器被触发时，称重传感器记录入侵人员体重信息，并在串口调试助手显示相关报警信息。
- 完成测试程序的烧写，实现智能安防系统。

任务实施

设备与资源准备

任务实施前必须先准备好以下设备和资源，如表 3-3-1 所示。

表 3-3-1　任务 3 需准备的设备和资源

序号	设备/资源名称	数量	是否准备到位（√）
1	ZigBee 模块	1 个	
2	CC Debugger 仿真器	1 个	
3	12V 报警灯	1 个	
4	继电器模块	1 个	
5	压电传感器模块	1 个	
6	称重传感器模块	1 个	
7	红外光电传感器模块	1 个	
8	霍尔（门窗）传感器模块	1 个	
9	声音传感器模块	1 个	
10	计算机	1 台	
11	NEWLab 实训平台	1 个	

1．智能安防系统结构分析

智能安防系统由声音传感器模块、红外光电传感器模块、霍尔传感器模块、压电传感器模块、称重传感器模块、ZigBee 模块、NEWLab 实训平台、继电器模块、12V 报警灯模块等硬件系统组成。其中声音传感器采集在布防时家庭环境中的声音音量大小产生的开关量数据，红外对射光电传感器采集在布防时阳台是否有人入侵产生的开关量数据，门窗传感器采集在布防时门是否被入侵人员强行打开产生的开关量数据，压电传感器采集在布防时保险箱前是否有人停留产生的开关量数据，称重传感器采集在布防时门被人强行打开后，进入人员体重信息经过 ADC 转换器的处理转换成单片机能够识别的数字信号，传感器信息经 CC2530 单片机处理后完成智能安防系统，在检测到入侵人员时进行报警处理，并把报警信息发送至用户手机上。智能安防系统硬件连接图如图 3-3-1 所示。

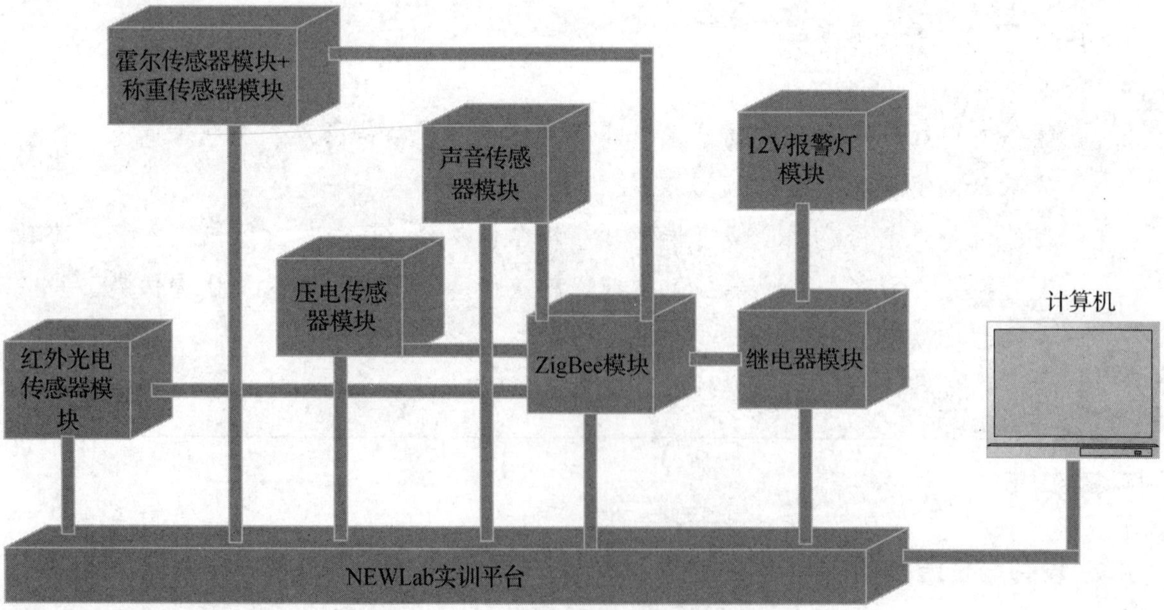

图 3-3-1　智能安防系统硬件连接图

2. 智能安防系统的硬件连接

按照下列步骤完成硬件连接。

- 使用香蕉线连接 ZigBee 模块 IN0 端口和声音传感器 J3 端口。
- 使用香蕉线连接 ZigBee 模块 IN1 端口和红外对射光电传感器 J6 端口。
- 使用香蕉线连接 ZigBee 模块 OUT1 端口和霍尔传感器 J3 端口。
- 使用香蕉线连接 ZigBee 模块 ADC0 端口和称重传感器 J3 端口。
- 使用香蕉线连接 ZigBee 模块 ADC1 端口和压电传感器 J3 端口。
- 使用香蕉线连接 ZigBee 模块 OUT0 端口和继电器模块 J2 端口。
- 使用香蕉线连接 NEWLab 实训平台 12V “+” 端口和报警灯 “+” 端口。
- 使用香蕉线连接继电器模块 J9 端口和报警灯 “-” 端口。
- 使用香蕉线连接继电器模块 J8 端口和 NEWLab 实训平台 12V “-” 端口。

画一画 画出本次硬件搭建的原理框图。

3. 智能安防系统的程序设计流程图

智能安防系统程序设计流程图如图 3-3-2 所示。

4. IAR 下载程序

把 ZigBee 模块装入 NEWLab 实训平台，用 CC Debugger 仿真器的下载线连接 ZigBee 模块至主机 USB 接口，下载“智能安防系统.hex”文件。

5. 结果验证

程序烧写完成后，先将磁铁放置在霍尔传感器附近，再按照下面步骤依次验证系统。

① 单击 ZigBee 模块上的按键，在串口调试助手上收到“已布防”信息，系统进入布防状态。

② 按压压电传感器的压电薄膜，在串口调试助手上收到“请注意，保险柜前方有人停留”信息，报警灯开始报警。

③ 单击按键，在串口调试助手上收到“已撤防”信息，系统进入撤防状态，报警灯停止报警。

④ 单击按键，进入布防状态。

⑤ 敲击声音传感器附近，在串口调试助手上收到“请注意，屋内有响动”信息，报警灯开始报警。

⑥ 单击按键，进入撤防状态，报警灯停止报警。

⑦ 单击按键，进入布防状态。

⑧ 先拿开霍尔传感器上的磁铁，再按压称重传感器，在串口调试助手上收到“请注意，大门遭人入侵，入侵人员体重为××公斤”信息，报警灯开始报警。

⑨ 单击按键，进入撤防状态，报警灯停止报警。

⑩ 单击按键，进入布防状态。

⑪ 遮挡红外对射光电传感器，在串口调试助手上收到“请注意，阳台被人入侵”信息，报警灯开始报警。

⑫ 单击按键，进入撤防状态，报警灯停止报警。

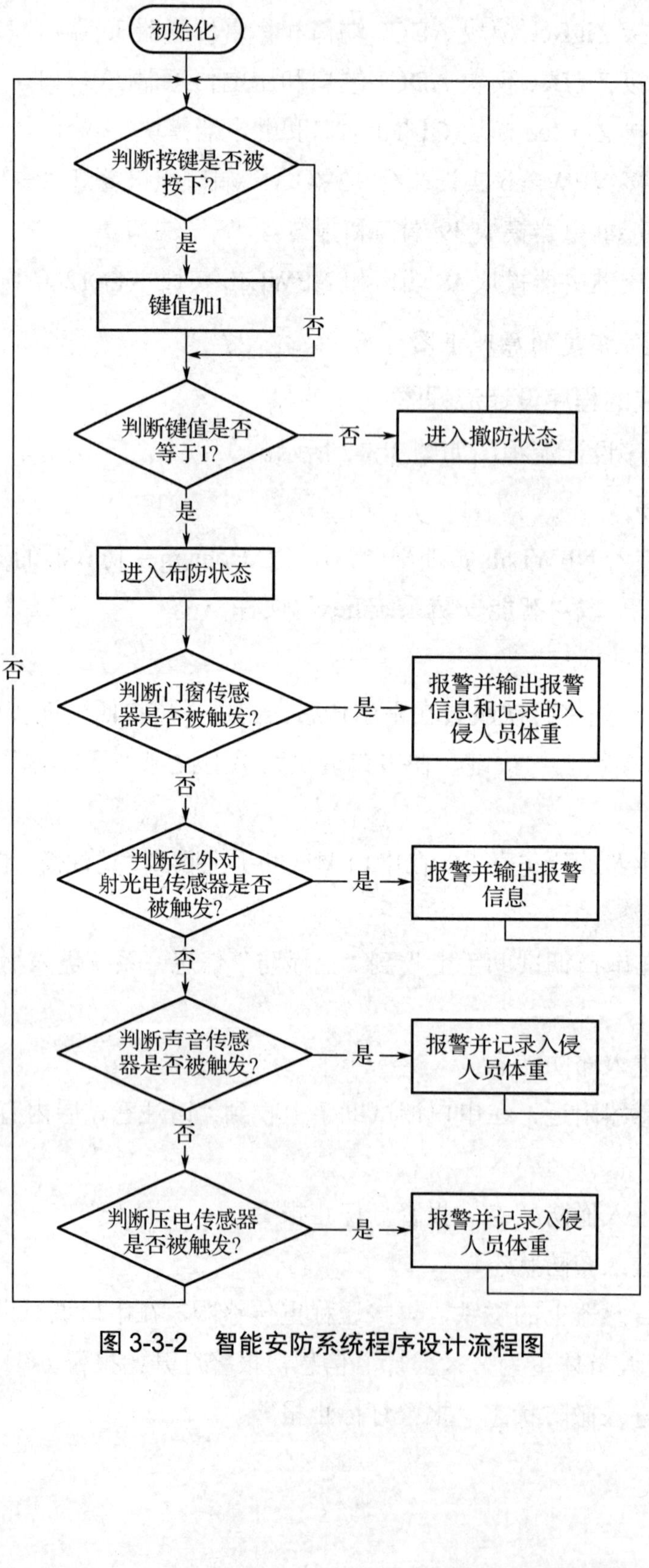

图 3-3-2　智能安防系统程序设计流程图

智能安防系统任务工单

本任务的任务工单如表 3-3-2 所示。

表 3-3-2 任务 3 的任务工单

项目 3 智能安防传感器技术应用 | 任务 3 智能安防系统

任务检查与评价

序号	评价内容	评价标准	分值	得分
评价方式		可采用自评、互评、教师评价等方式		
说明		主要评价学生在项目学习过程中的操作技能、理论知识、学习态度、课堂表现、学习能力等		
1	专业技能（60%）	独立完成 CC2530 单片机的程序烧写（+5 分）	60 分	
		独立完成继电器连线和环境搭建（+5 分）		
		按任务要求完成实验并做好记录（+10 分）		
		联系选型场景，画出选型场景中传感器的工作框图（+10 分）		
		每个学习小组选出一人进行汇报，要求按照格式，声音洪亮，吐字清晰（小组其他学生得到汇报同学一半的分数）（+30 分）		
2	核心素养（20%）	具有良好的自主学习、分析解决问题、帮助他人的能力，整个任务过程中指导过他人并解决过他人的问题（20 分）	20 分	
		具有较好的学习能力和分析解决问题的能力，任务过程中未指导过他人（15 分）		
		具有主动学习并收集信息的能力，遇到问题请教过他人并得以解决（10 分）		
		不主动学习（0 分）		
3	职业素养（20%）	实验完成后，设备无损坏、设备摆放整齐、工位区域内保持整洁、未干扰课堂秩序（20 分）	20 分	
		实验完成后，设备无损坏、未干扰课堂秩序（15 分）		
		未干扰课堂秩序（10 分）		
		干扰课堂秩序（0 分）		
总得分				

任务小结

知识与技能提升

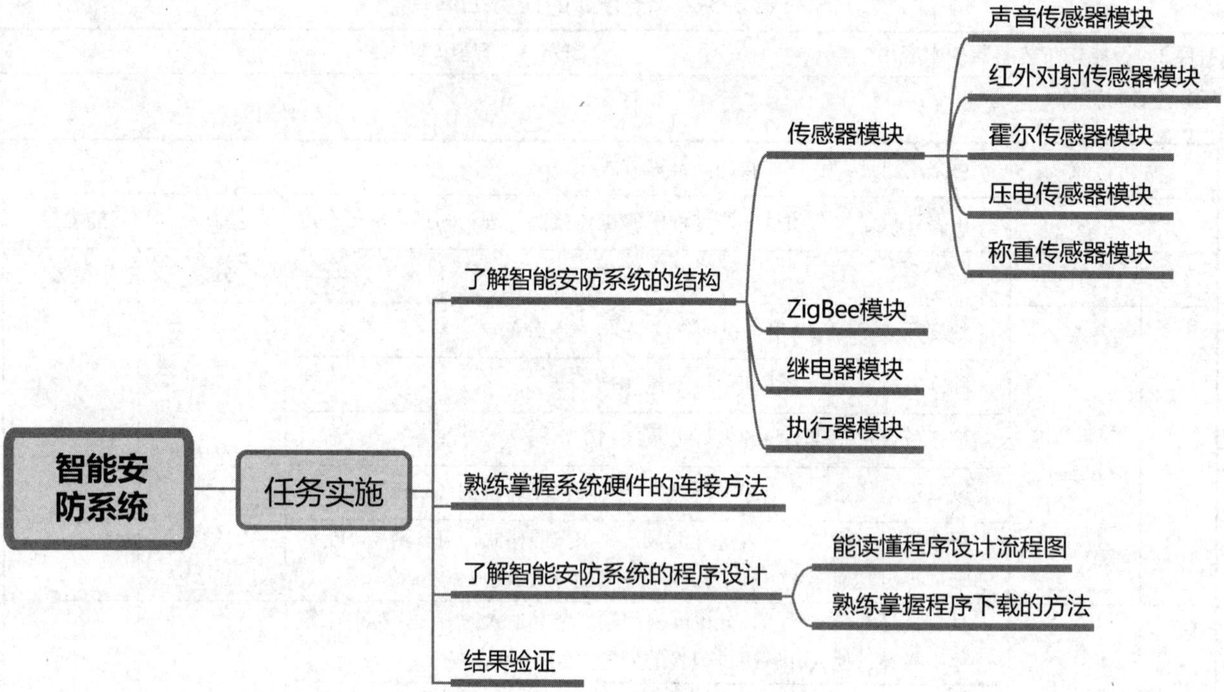

项目 4

智慧农业传感器技术应用

项目学习目标

1. 知识目标

- 了解智慧农业的概念。
- 了解智慧农业大棚内部环境监测系统的传感器组成和作用。
- 了解智慧农业大棚外部环境监测系统的传感器组成和作用。
- 了解智慧农业大棚监测系统的传感器、继电器、执行器组成和作用。

2. 技能目标

- 能够辨识智慧农业大棚监测系统所使用的传感器。
- 能够详细说出智慧农业大棚监测系统中温湿度传感器（土壤、空气）、二氧化碳传感器、光照度传感器、大气压力传感器、风速传感器的作用。
- 掌握智慧农业大棚监测系统工作流程图的绘制方法。
- 能够综合使用温湿度传感器、二氧化碳传感器、光照度传感器、大气压力传感器、风速传感器，以及继电器、执行器完成智慧农业大棚监测系统场景的模拟搭建。

3. 素养目标

- 进一步培养细致缜密的工作态度。
- 初步培养与传统文化相结合的大国工匠精神。

引导案例

中国是世界上第一大水果生产国，苹果、梨、桃、西瓜等的产量都居世界第一，香蕉、葡萄、菠萝产量也位居世界前列，这些都得益于高温蔬菜大棚技术。智能温室大棚通过科学技术手段，为植物提供相对可控制的适宜环境，能够对环境温度、湿度、光照、二氧化碳等环境气候进行智能调节，摆脱对自然环境的依赖。

在检测蔬菜大棚内部环境的同时，对大棚的外部气象环境进行检测，为未来24小时内天气变化情况的预报提供数据支持，为消除天气对农业蔬菜大棚的影响提供合理化规划和对策。

项目概述

本项目使用（土壤）温湿度传感器、二氧化碳传感器、光照度传感器组成蔬菜大棚内部环境监测系统，用于检测大棚内部环境，使其满足更适宜栽种植物生长的需求；使用（空气）温湿度传感器、大气压力传感器、风速传感器组成蔬菜大棚外部环境检测系统，用于检测大棚外部环境，为解决天气对大棚养殖作物负面影响提供数据支持和解决对策。所有传感器都连接于4017采集器模块，其采集信息后先进行ADC转换，再将数据信息通过485接口传输给ZigBee模块黑板，通过ZigBee网络将数据传递到ZigBee模块白板，ZigBee模块白板依据数据进行继电器与执行器动作，并将数据发送至串口，在计算机串口调试助手上进行显示。大棚环境监测系统硬件连接图如图4-0-1所示。

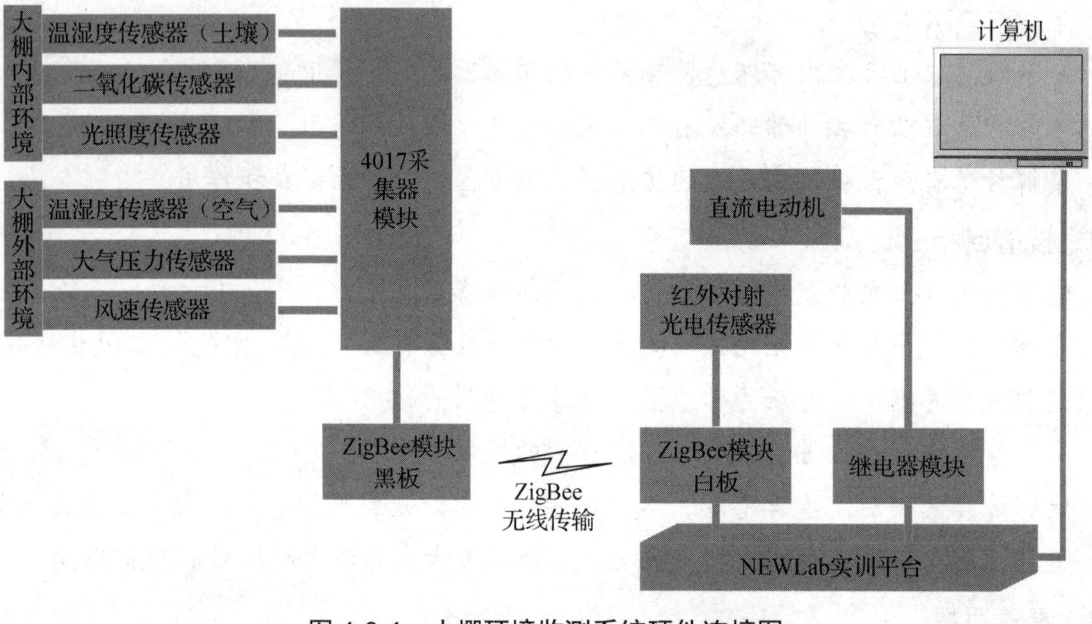

图4-0-1　大棚环境监测系统硬件连接图

任务1　大棚内部环境监测系统

任务描述与要求

任务描述：

小新完成了智能家居和智能安防的设计，他的设计得到了指导老师陆老师很高的评价，小新非常高兴。在表扬过小新后，陆老师又对小新说，“你现在只是完成了传感器在智能家居方面的应用，而智能家居在物联网方面占很小的一部分，小新你能够展示传感器在物联网其他领域的应用吗？”小新听了老师的话，查阅了很多资料，于是开启了传感器在智慧农业方面的应用探索。

小新通过研究发现传感器在智慧农业的应用主要在蔬菜大棚上，而蔬菜大棚的搭建与棚内和棚外的环境息息相关，对棚内培养的作物生长得好坏起着决定性的作用。小新决定选用传感器完成棚内环境的监测。

任务要求：

- 应用 ZigBee 模块（黑板和白板）搭建大棚内部环境监测系统。
- 使用（土壤）温湿度传感器监测土壤温度和湿度。
- 使用二氧化碳传感器监测大棚内部二氧化碳的含量。
- 使用光照度传感器监测大棚内部光照度。
- ZigBee 模块黑板使用 485 接口读取 4017 采集器采集到的传感器数据，再将数据通过 ZigBee 网络发送给 ZigBee 模块白板，ZigBee 模块白板整理数据发送至串口，在计算机串口调试助手上显示传感器数据。
- 完成程序烧写，实现大棚内部环境监测系统。

任务实施

设备与资源准备

任务实施前必须先准备好以下设备和资源，如表 4-1-1 所示。

表 4-1-1 任务 1 需准备的设备和资源

序号	设备/资源名称	数量	是否准备到位（√）
1	ZigBee 模块黑板	1 块	
2	ZigBee 模块白板	1 块	
3	CC Debugger 仿真器	1 个	
4	（土壤）温湿度传感器	1 个	
5	二氧化碳传感器	1 个	
6	光照度传感器	1 个	
7	4017 采集器	1 个	
8	NEWLab 实训平台	1 个	
9	485 转 232 转换器	1 个	

1.（土壤）温湿度传感器认识

（土壤）温湿度传感器共有四条线缆输出，分别为红、黑、蓝、棕。（土壤）温湿度传感器实物图如图 4-1-1 所示。红线缆连接 24V；黑线缆连接 GND；蓝线缆为土壤温度输出，连接 4017 采集器的 VIN0+；棕线缆为土壤湿度输出，连接 4017 采集器的 VIN1+。

在使用（土壤）温湿度传感器时，将传感器前端铁质探针直接插入土壤中即可。

（土壤）温湿度传感器参数如下。

工作电压：5～24V。

响应时间：<1s。

工作频率：100MHz。

测量区域：以探针为中心，直径 7cm、高 10cm 的圆柱体内。

图 4-1-1　（土壤）温湿度传感器实物图

2．二氧化碳传感器认识

二氧化碳传感器共有三条线缆输出，分别为红、黑、蓝。二氧化碳传感器实物图如图 4-1-2 所示。红线缆连接 24V；黑线缆连接 GND；蓝线缆为二氧化碳浓度输出，连接 4017 采集器的 VIN2+。

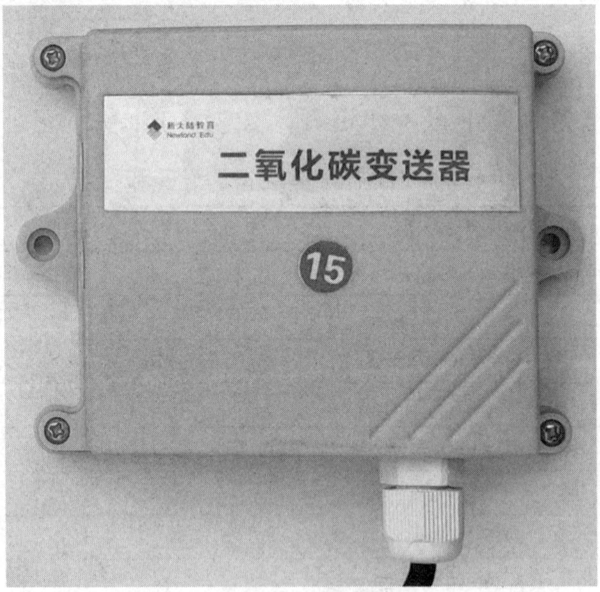

图 4-1-2　二氧化碳传感器实物图

在使用二氧化碳传感器时，需要将二氧化碳传感器固定在小工位上。

二氧化碳传感器参数如下。

工作电压：24V。

响应时间：<1s。

电流范围：4～20mA。

测量范围：0～5000ppm①。

3．光照度传感器认识

光照度传感器共有三条线缆输出，分别为红、黑、黄。光照度传感器实物图如图 4-1-3 所示。红线缆连接 24V；黑线缆连接 GND；黄线缆为光照度值输出，连接 4017 采集器的 VIN3+。

在使用光照度传感器时，需要将光照度传感器固定在小工位上。

光照度传感器参数如下。

工作电压：24V。

响应时间：<1s。

电流范围：4～20mA。

测量范围：0～20000lx。

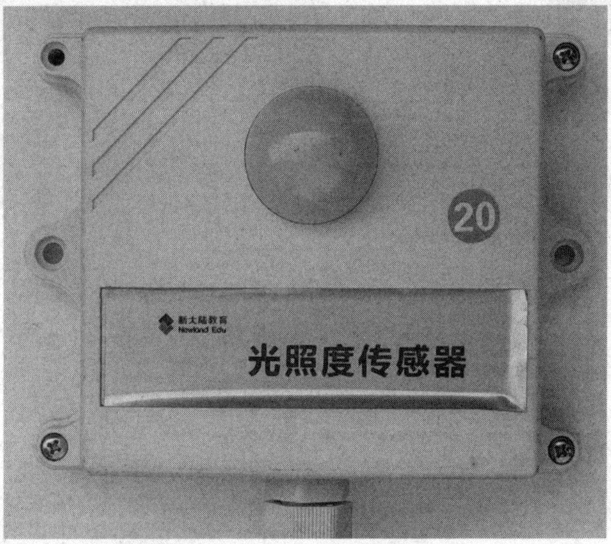

图 4-1-3　光照度传感器实物图

4．大棚内部环境监测系统硬件连接

本任务使用（土壤）温湿度传感器监测大棚内部土壤温度和湿度，使用二氧化碳传感器监测大棚内部二氧化碳浓度，使用光照度传感器监测大棚内部光照度，采用 4017 采集器连接传感器并进行 A/D 转换，通过 4017 采集器的 485 接口发送至 ZigBee 模块黑板上，ZigBee 模块黑板通过 ZigBee 网络将数据传递给 ZigBee 模块白板，ZigBee 模块白板解析数据并发送至串口，在计算机串口调试助手上显示传感器数据。本任务的硬件连接图如图 4-1-4 所示。

按照下列步骤完成硬件连接。

---

① ppm 是百万分率，定义为百万分之一。

- （土壤）温湿度传感器模块的蓝线缆连接 4017 采集器模块 VIN0+。
- （土壤）温湿度传感器模块的棕线缆连接 4017 采集器模块 VIN1+。
- 二氧化碳传感器模块的蓝线缆连接 4017 采集器模块 VIN2+。
- 光照度传感器模块的黄线缆连接 4017 采集器模块 VIN3+。
- 使用导线连接 4017 采集器 VIN0−、VIN1−、VIN2−、VIN3−与 GND。
- 使用导线连接 4017 采集器 D+与 485 转 232 转换器的 R+。
- 使用导线连接 4017 采集器 D−与 485 转 232 转换器的 R−。
- 串口交叉线（公）一端与 485 转 232 转换器连接。
- 串口交叉线（公）另一端与 ZigBee 模块黑板连接。
- ZigBee 模块白板坐落在 NEWLab 实训平台上。
- NEWLab 实训平台通过 USB 转串口线连接计算机。

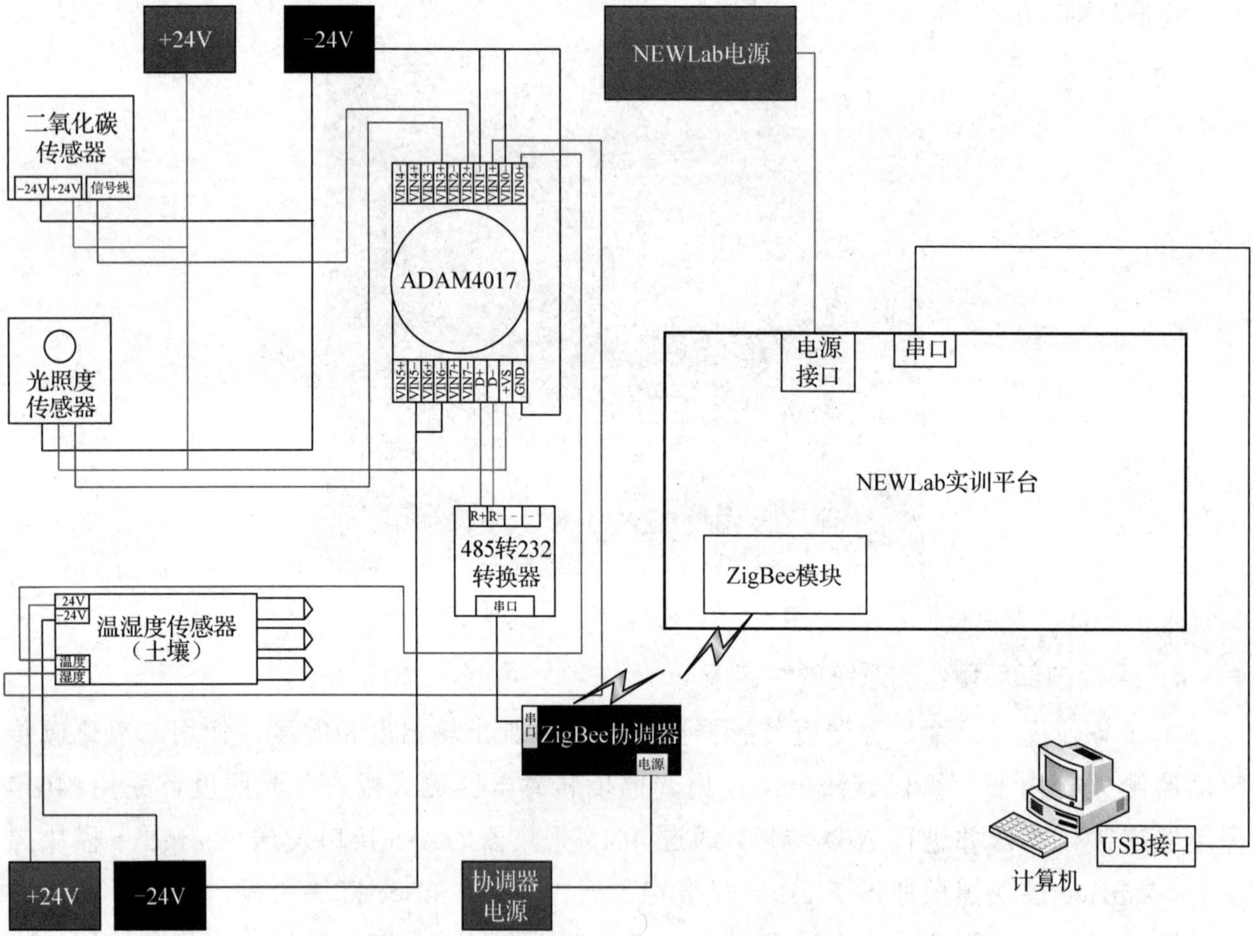

图 4-1-4　本任务的硬件连接图

5. 大棚内部环境监测系统程序设计流程图

大棚内部环境监测系统程序设计流程图如图 4-1-5 所示。

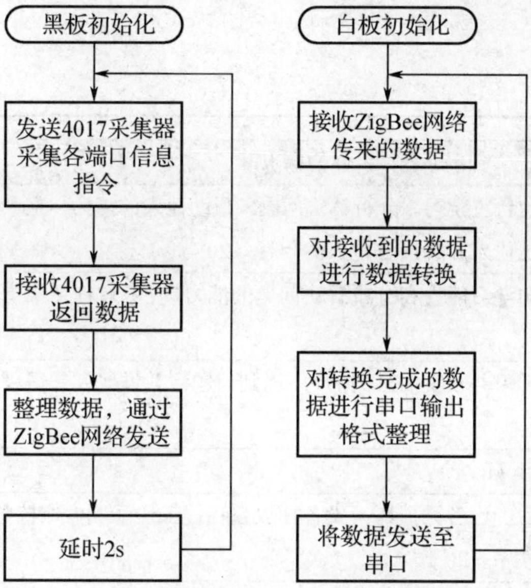

图 4-1-5 大棚内部环境监测系统程序设计流程图

6. IAR 下载程序

把 ZigBee 模块装入 NEWLab 实训平台，用 CC Debugger 仿真器的下载线连接 ZigBee 模块至主机 USB 接口。给 ZigBee 模块黑板下载“大棚内部环境监测系统——黑板.hex”文件，给 ZigBee 模块白板下载“大棚内部环境监测系统——白板.hex”文件。

7. 结果验证

ZigBee 模块黑板、白板程序烧写完成后，在计算机串口调试助手中可查看到传感器的数据信息，分别为土壤温度、土壤湿度、二氧化碳浓度、光照度。

大棚内部环境监测系统任务工单

本任务的任务工单如表 4-1-2 所示。

表 4-1-2 任务 1 的任务工单

项目 4 智慧农业传感器技术应用		任务 1 大棚内部环境监测系统		
任务检查与评价				
评价方式		可采用自评、互评、教师评价等方式		
说　明		主要评价学生在项目学习过程中的操作技能、理论知识、学习态度、课堂表现、学习能力等		
序号	评价内容	评价标准	分值	得分
1	专业技能（60%）	完成 4017 采集器的上架、连接（+10 分）	60 分	
		完成二氧化碳、光照、土壤温湿度传感器的上架、连接（+10 分）		
		完成 ZigBee 黑板、485 转 232 转换器的上架、连接（+10 分）		
		完成 NEWLab 实训平台和 USB 转串口线及计算机的连接，并完成 CC2530 单片机的程序烧写（+10 分）		
		按任务要求完成实验并做好记录（+10 分）		
		联系选型场景，画出选型场景中传感器的工作框图（+10 分）		

续表

序号	评价内容	评价标准	分值	得分
2	核心素养（20%）	具有良好的自主学习、分析解决问题、帮助他人的能力，整个任务过程中指导过他人并解决过他人的问题（20 分）	20 分	
		具有较好的学习能力和分析解决问题的能力，任务过程中未指导过他人（15 分）		
		具有主动学习并收集信息的能力，遇到问题请教过他人并得以解决（10 分）		
		不主动学习（0 分）		
3	职业素养（20%）	实验完成后，设备无损坏、设备摆放整齐、工位区域内保持整洁、未干扰课堂秩序（20 分）	20 分	
		实验完成后，设备无损坏、未干扰课堂秩序（15 分）		
		未干扰课堂秩序（10 分）		
		干扰课堂秩序（0 分）		
总得分				

任务小结

知识与技能提升

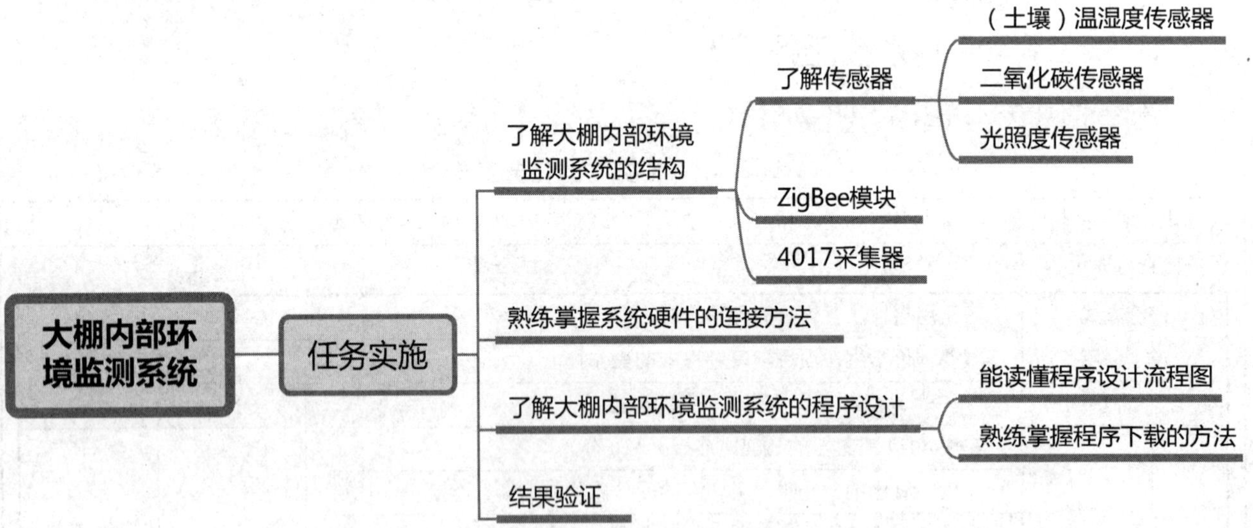

任务 2 大棚外部环境监测系统

任务描述与要求

任务描述：

小新完成了大棚内部环境监测系统，经过模拟得出结论，有效地提高了大棚内作物的产量，但由于没有大棚外部环境的监测情况，有时对气候变化预估不足，要么造成了资源的浪费，要么造成了作物的减产，因此小新现在要完成大棚外部环境监测系统。

任务要求：

- 应用 ZigBee 模块（黑板和白板）搭建大棚外部环境监测系统。
- 使用（空气）温湿度传感器检测空气温度和湿度。
- 使用大气压力传感器检测大棚外部大气压力的含量。
- 使用风速传感器检测大棚外部风速。
- ZigBee 模块黑板使用 485 接口读取 4017 采集器采集到的传感器数据，再将数据通过 ZigBee 网络发送给 ZigBee 模块白板，ZigBee 模块白板整理数据发送至串口，在计算机串口调试助手上显示传感器数据。
- 完成程序烧写，实现大棚外部环境监测系统。

任务实施

设备与资源准备

任务实施前必须先准备好以下设备和资源，如表 4-2-1 所示。

表 4-2-1 任务 2 需准备的设备和资源

序号	设备/资源名称	数量	是否准备到位（√）
1	ZigBee 模块黑板	1 块	
2	ZigBee 模块白板	1 块	
3	CC Debugger 仿真器	1 个	
4	（空气）温湿度传感器	1 个	
5	大气压力传感器	1 个	
6	风速传感器	1 个	
7	4017 采集器	1 个	
8	NEWLab 实训平台	1 个	
9	485 转 232 转换器	1 个	

1．（空气）温湿度传感器认识

（空气）温湿度传感器共有四条线缆输出，分别为红线缆、黑线缆、蓝线缆、绿线缆。（空气）温湿度传感器实物图如图 4-2-1 所示。红线缆连接 24V；黑线缆连接 GND；蓝线缆为空气温度输出，连接 4017 采集器的 VIN6+；绿线缆为空气湿度输出，连接 4017 采集器的 VIN7+。

在使用（空气）温湿度传感器时，需要将（空气）温湿度传感器固定在小工位上。

（空气）温湿度传感器参数如下。

工作电压：5～24V。

响应时间：<1s。

工作频率：100MHz。

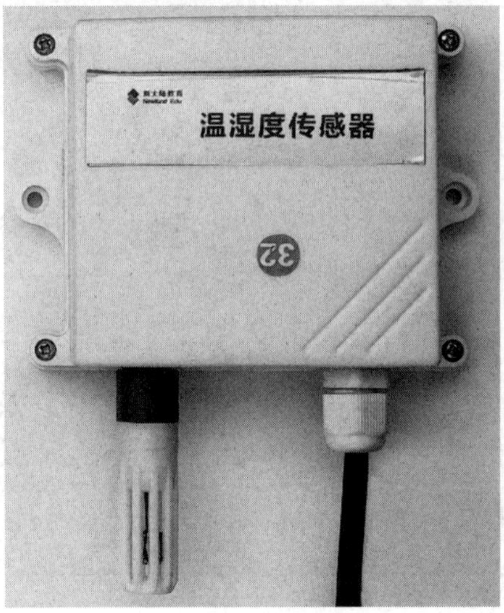

图 4-2-1　（空气）温湿度传感器实物图

2．大气压力传感器认识

大气压力传感器共有三条线缆输出，分别为红线缆、黑线缆、蓝线缆。大气压力传感器实物图如图 4-2-2 所示。红线缆连接 24V；黑线缆连接 GND；蓝线缆为大气压力浓度输出，连接 4017 采集器的 VIN5+。

在使用大气压力传感器时，需要将大气压力传感器固定在小工位上。

大气压力传感器参数如下。

工作电压：24V。

响应时间：<1s。

电流范围：4～20mA。

电压范围：0～5V。

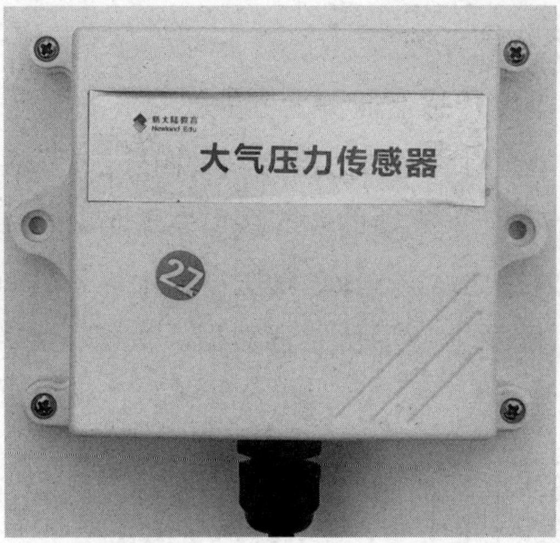

图 4-2-2　大气压力传感器实物图

3．风速传感器认识

风速传感器共有三条线缆输出，分别为红线缆、黑线缆、蓝线缆。风速传感器实物图如图 4-2-3 所示。红线缆连接 24V；黑线缆连接 GND；蓝线缆为光照度值输出，连接 4017 采集器的 VIN4+。

在使用风速传感器时，需要将风速传感器固定在小工位上。

风速传感器参数如下。

工作电压：24V。

响应时间：<1s。

电流范围：4～20mA。

测量范围：0～70m/s。

分辨率：0.1m/s。

精确度：±0.3m/s。

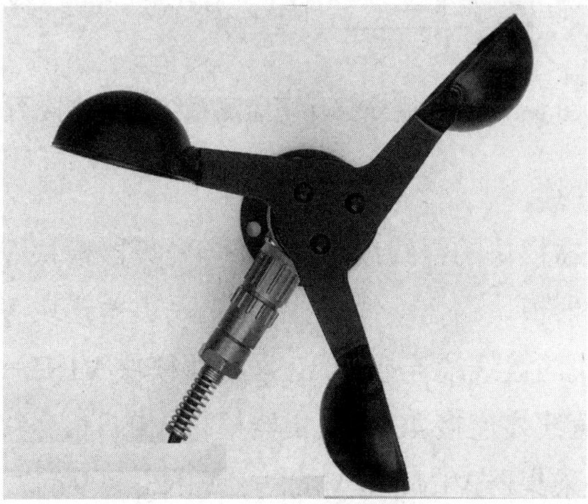

图 4-2-3　风速传感器实物图

4. 大棚外部环境监测系统硬件连接

本任务使用（空气）温湿度传感器监测大棚外部空气的温度和湿度，使用大气压力传感器监测大棚外部的大气压力，使用风速传感器监测大棚外部的风速，采用 4017 采集器连接传感器并进行 AD 转换，通过 4017 采集器的 485 接口发送至 ZigBee 模块黑板上，ZigBee 模块黑板通过 ZigBee 网络将数据传递给 ZigBee 模块白板上，ZigBee 模块白板解析数据并发送至串口，在计算机串口调试助手上显示传感器数据。大棚外部环境监测系统硬件连接图如图 4-2-4 所示。

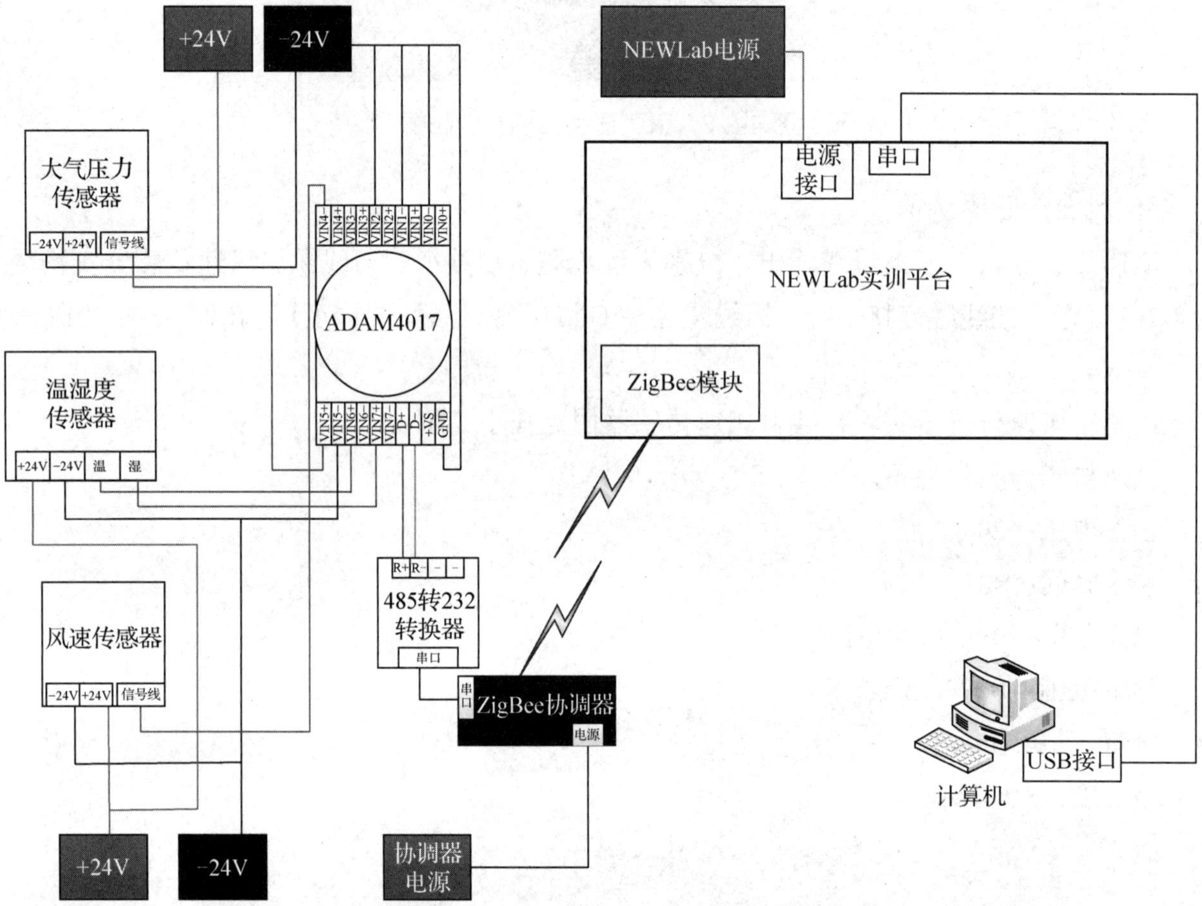

图 4-2-4　大棚外部环境监测系统硬件连接图

按照下列步骤完成硬件连接。

- （空气）温湿度传感器模块的绿线缆连接 4017 采集器模块 VIN7+。
- （空气）温湿度传感器模块的蓝线缆连接 4017 采集器模块 VIN6+。
- 大气压力传感器模块的蓝线缆连接 4017 采集器模块 VIN5+。
- 风速传感器模块的蓝线缆连接 4017 采集器模块 VIN4+。
- 使用导线连接 4017 采集器 VIN4-、VIN5-、VIN6-、VIN7-与 GND。
- 使用导线连接 4017 采集器 D+与 485 转 232 转换器的 R+。

- 使用导线连接 4017 采集器 D−与 485 转 232 转换器的 R−。
- 串口交叉线（公）一端与 485 转 232 转换器连接。
- 串口交叉线（公）另一端与 ZigBee 模块黑板连接。
- ZigBee 模块白板坐落在 NEWLab 实训平台上。
- NEWLab 实训平台通过 USB 转串口线连接计算机。

5．大棚外部环境监测系统程序设计流程图

大棚外部环境监测系统程序设计流程图如图 4-2-5 所示。

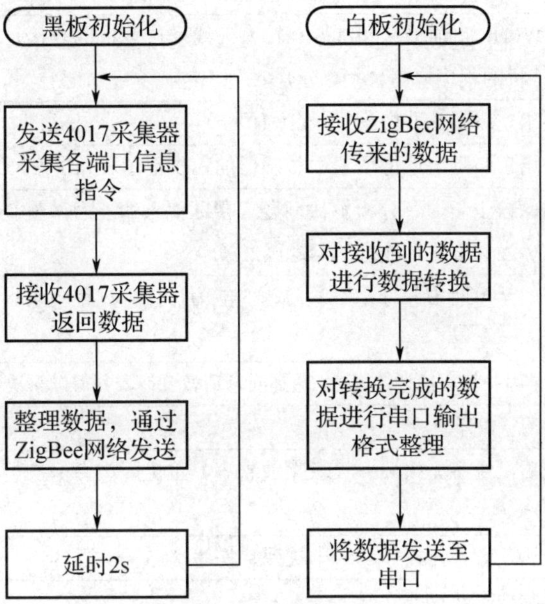

图 4-2-5　大棚外部环境监测系统程序设计流程图

6．IAR 下载程序

把 ZigBee 模块装入 NEWLab 实训平台，用 CC Debugger 仿真器的下载线连接 ZigBee 模块至主机 USB 接口。给 ZigBee 模块黑板下载“大棚外部环境监测系统——黑板.hex”文件，给 ZigBee 模块白板下载“大棚外部环境监测系统——白板.hex”文件。

7．结果验证

ZigBee 模块黑板、白板程序烧写完成后，在计算机串口调试助手中可查看到传感器的数据信息，分别为空气温度、空气湿度、当前大气压力、当前风速。

大棚外部环境监测系统任务工单

本任务的任务工单如表 4-2-2 所示。

表 4-2-2　任务 2 的任务工单

项目 4　智慧农业传感器技术应用		任务 2　大棚外部环境监测系统		
任务检查与评价				
评价方式		可采用自评、互评、教师评价等方式		
说　明		主要评价学生在项目学习过程中的操作技能、理论知识、学习态度、课堂表现、学习能力等		
序号	评价内容	评价标准	分值	得分
1	专业技能（60%）	完成 4017 采集器的上架、连接（+10 分）	60 分	
		完成大气压力、风速、空气温湿度传感器的上架、连接（+10 分）		
		完成 ZigBee 模块黑板、485 转 232 转换器的上架、连接（+10 分）		
		完成 NEWLab 实训平台和 USB 转串口线及计算机的连接，并完成 CC2530 单片机的程序烧写（+10 分）		
		按任务要求完成实验并做好记录（+10 分）		
		联系选型场景，画出选型场景中传感器的工作框图（+10 分）		
2	核心素养（20%）	具有良好的自主学习、分析解决问题、帮助他人的能力，整个任务过程中指导过他人并解决过他人的问题（20 分）	20 分	
		具有较好的学习能力和分析解决问题的能力，任务过程中未指导过他人（15 分）		
		具有主动学习并收集信息的能力，遇到问题请教过他人并得以解决（10 分）		
		不主动学习（0 分）		
3	职业素养（20%）	实验完成后，设备无损坏、设备摆放整齐、工位区域内保持整洁、未干扰课堂秩序（20 分）	20 分	
		实验完成后，设备无损坏、未干扰课堂秩序（15 分）		
		未干扰课堂秩序（10 分）		
		干扰课堂秩序（0 分）		
总得分				

任务小结

知识与技能提升

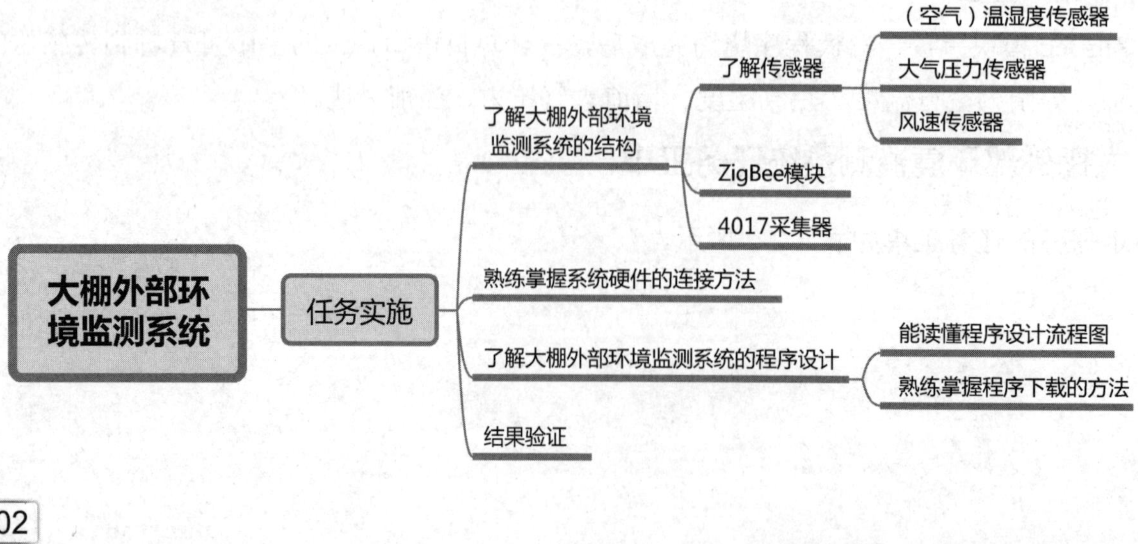

任务 3 大棚环境监测系统

任务描述与要求

任务描述：

小新完成了大棚内部和外部环境监测系统，接下来必然是要将内部环境和外部环境监测系统进行整合，形成完整的大棚环境监测系统。同时，小新选取了一组光照数据作为基准，模拟大棚遮阳板的自动控制。当监测到大棚内光照值不足时，大棚遮阳板自动打开；当监测到大棚内光照值过高时，大棚遮阳板自动关闭。

任务要求：

- 应用 ZigBee 模块（黑板和白板）搭建大棚环境监测系统。
- 使用（土壤）温湿度传感器监测土壤温度和湿度。
- 使用二氧化碳传感器监测大棚内部二氧化碳的含量。
- 使用光照度传感器监测大棚内部光照度。
- 使用（空气）温湿度传感器监测空气温度和湿度。
- 使用大气压力传感器监测大棚外部大气压力的含量。
- 使用风速传感器监测大棚外部风速。
- 使用红外对射光电传感器监测大棚遮阳板关闭打卡时是否到位。
- ZigBee 模块黑板使用 485 接口读取 4017 采集器采集到的传感器数据，再将数据通过 ZigBee 网络发送给 ZigBee 模块白板，ZigBee 模块白板整理数据发送至串口，在计算机串口调试助手上显示传感器数据。
- ZigBee 模块白板依据光照度数据进行判断，通过继电器自动控制直流电动机正转（模拟大棚遮阳板关闭）或反转（模拟大棚遮阳板打开）。
- 完成程序烧写，实现大棚环境监测系统。

任务实施

设备与资源准备

任务实施前必须先准备好以下设备和资源，如表 4-3-1 所示。

表 4-3-1 任务 3 需准备的设备和资源

序号	设备/资源名称	数量	是否准备到位（√）
1	ZigBee 模块黑板	1 块	
2	ZigBee 模块白板	1 块	

续表

序号	设备/资源名称	数量	是否准备到位（√）
3	CC Debugger 仿真器	1个	
4	（空气）温湿度传感器	1个	
5	大气压力传感器	1个	
6	风速传感器	1个	
7	（土壤）温湿度传感器	1个	
8	二氧化碳传感器	1个	
9	光照度传感器	1个	
10	4017 采集器	1个	
11	继电器	1个	
12	红外对射光电传感器	1个	
13	直流电动机	1个	
14	NEWLab 实训平台	1个	
15	485 转 232 转换器	1个	

1．大棚环境监测系统硬件连接

本任务将大棚内部环境监测系统和大棚外部环境监测系统整合在一起，如图 4-3-1 所示，最终在计算机串口调试助手上收到了八条监测信息，分别是土壤温度、土壤湿度、二氧化碳浓度、光照值、空气温度、空气湿度、大气压力、风速值。ZigBee 模块白板判断光照值，当光照值大于 1500lx 时，通过继电器自动控制直流电动机正转，直到红外对射光电传感器被遮挡；当光照值小于 500lx 时，通过继电器自动控制直流电动机反转，直到红外对射光电传感器被遮挡。

按照下列步骤完成硬件连接。

- （土壤）温湿度传感器模块的蓝线缆连接 4017 采集器模块 VIN0+。
- （土壤）温湿度传感器模块的棕线缆连接 4017 采集器模块 VIN1+。
- 二氧化碳传感器模块的蓝线缆连接 4017 采集器模块 VIN2+。
- 光照度传感器模块的黄线缆连接 4017 采集器模块 VIN3+。
- （空气）温湿度传感器模块的蓝线缆连接 4017 采集器模块 VIN6+。
- （空气）温湿度传感器模块的绿线缆连接 4017 采集器模块 VIN7+。
- 大气压力传感器模块的蓝线缆连接 4017 采集器模块 VIN5+。
- 风速传感器模块的蓝线缆连接 4017 采集器模块 VIN4+。
- 使用导线连接 4017 采集器 VIN0−、VIN1−、VIN2−、VIN3−、VIN4−、VIN5−、VIN6−、VIN7−与 GND。
- 使用导线连接 4017 采集器 D+与 485 转 232 转换器的 R+。
- 使用导线连接 4017 采集器 D−与 485 转 232 转换器的 R−。
- 串口交叉线（公）一端与 485 转 232 转换器连接。

- 串口交叉线（公）另一端与 ZigBee 模块黑板连接。
- NEWLab 实训平台通过 USB 转串口线连接计算机。
- 红外传感器模块 J5、J6 连接 ZigBee 模块白板 IN0、IN1。
- ZigBee 模块白板 OUT0、OUT1 连接继电器模块 J2、J5。
- NEWLab 实训平台+5V 连接继电器模块 J8。
- NEWLab 实训平台 GND 连接继电器模块 J11。
- 直流电动机“+”连接继电器 J9 和 J12。
- 直流电动机“-”连接继电器 J10 和 J13。

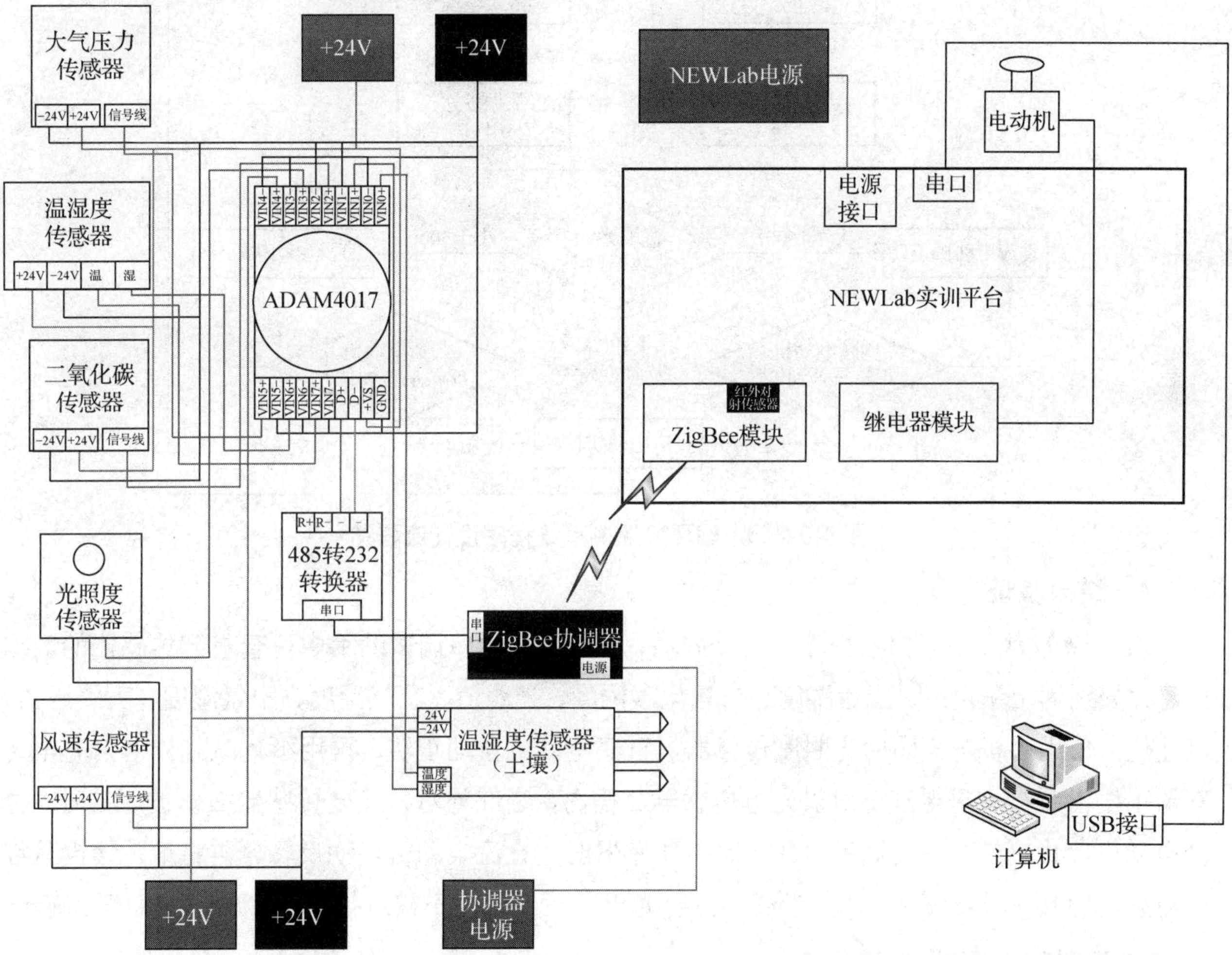

图 4-3-1 大棚环境监测系统硬件连接图

2. 大棚环境监测系统程序设计流程图

大棚环境监测系统程序设计流程图如图 4-3-2 所示。

3. IAR 下载程序

把 ZigBee 模块装入 NEWLab 实训平台，用 CC Debugger 仿真器的下载线连接 ZigBee 模块至主机 USB 接口。给 ZigBee 模块黑板下载“大棚环境监测系统——黑板.hex”文件，给 ZigBee 模块白板下载“大棚环境监测系统——白板.hex”文件。

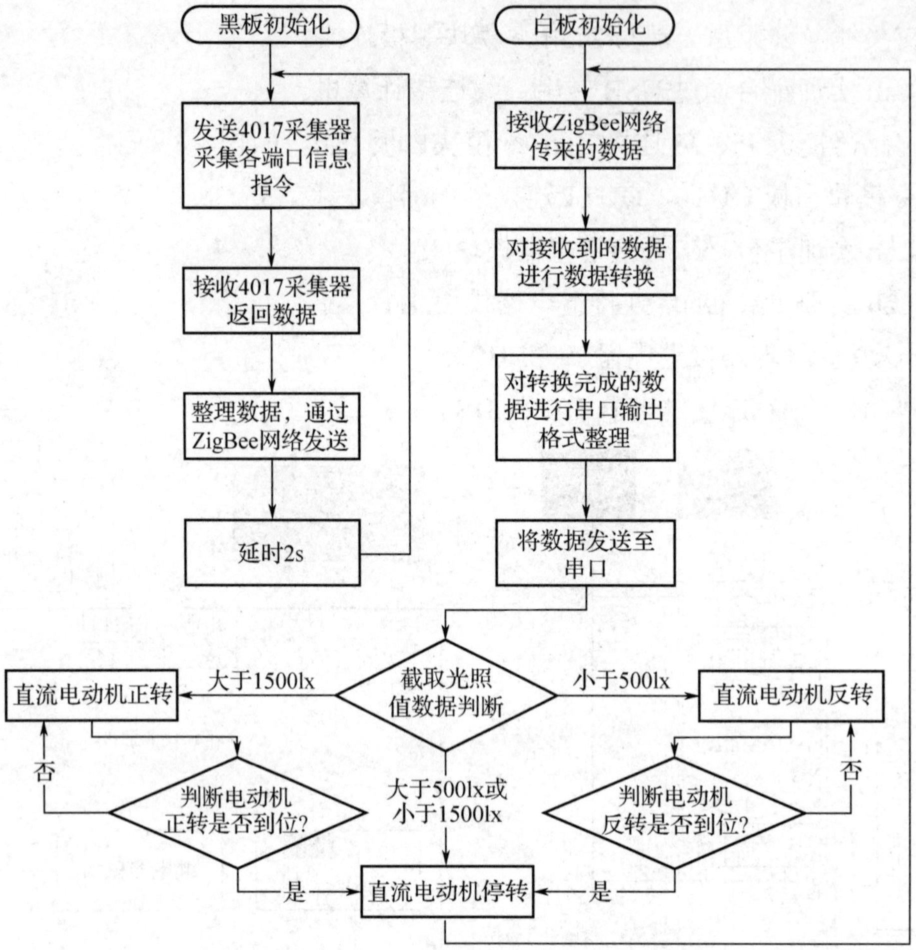

图 4-3-2 大棚环境监测系统程序设计流程图

4．结果验证

ZigBee 模块黑板、白板程序烧写完成后，在计算机串口调试助手中可查看到传感器的数据信息，分别为土壤温度、土壤湿度、二氧化碳浓度、光照值、空气温度、空气湿度、大气压力、风速值。使用手机电筒照射光照度传感器，直流电动机自动正转，再用纸片从红外对射光电传感器 1 槽内缓慢推进至红外对射光电传感器 2 槽内，当红外对射光电传感器 2 槽被遮挡时，直流电动机停止旋转；在使用手捂住光照度传感器时，直流电动机自动反转，再将纸片缓慢从红外对射光电传感器 2 槽内抽离，当红外对射光电传感器 1 槽不被遮挡时，直流电动机停止旋转。

大棚环境监测系统任务工单

本任务的任务工单如表 4-3-2 所示。

表 4-3-2 任务 3 的任务工单

项目 4 智慧农业传感器技术应用	任务 3 大棚环境监测系统
任务检查与评价	
评价方式	可采用自评、互评、教师评价等方式
说　明	主要评价学生在项目学习过程中的操作技能、理论知识、学习态度、课堂表现、学习能力等

续表

序号	评价内容	评价标准	分值	得分
1	专业技能（60%）	完成4017采集器的上架、连接（+10分）	60分	
		完成二氧化碳、光照、土壤温湿度、大气压力、风速、空气温湿度传感器的上架、连接（+10分）		
		完成ZigBee模块黑板、485转232转换器的上架、连接（+10分）		
		完成NEWLab实训平台和USB转串口线及计算机的连接，并完成CC2530单片机的程序烧写，完成ZigBee模块白板、红外对射光电传感器和直流电动机模块的连接（+10分）		
		按任务要求完成实验并做好记录（+10分）		
		联系选型场景，画出选型场景中传感器的工作框图（+10分）		
2	核心素养（20%）	具有良好的自主学习、分析解决问题、帮助他人的能力，整个任务过程中指导过他人并解决过他人的问题（20分）	20分	
		具有较好的学习能力和分析解决问题的能力，任务过程中未指导过他人（15分）		
		具有主动学习并收集信息的能力，遇到问题请教过他人并得以解决（10分）		
		不主动学习（0分）		
3	职业素养（20%）	实验完成后，设备无损坏、设备摆放整齐、工位区域内保持整洁、未干扰课堂秩序（20分）	20分	
		实验完成后，设备无损坏、未干扰课堂秩序（15分）		
		未干扰课堂秩序（10分）		
		干扰课堂秩序（0分）		
总得分				

任务小结

知识与技能提升

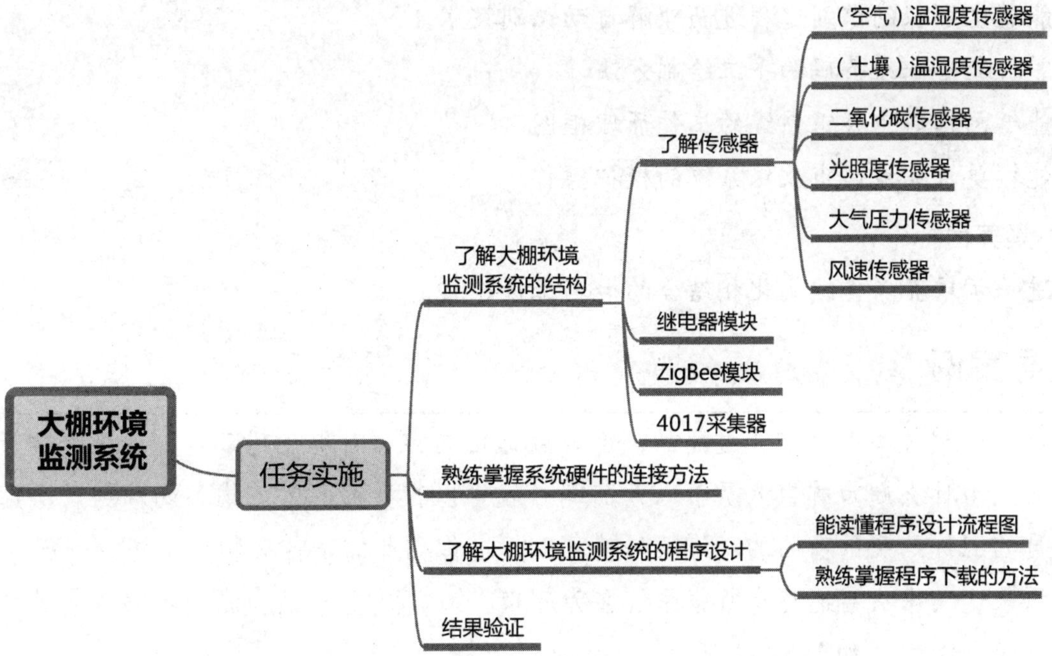

项目 5

智能商超自动识别技术应用

项目学习目标

1. 知识目标

- 理解人的识别过程和概念。
- 理解自动识别技术的概念。
- 了解自动识别技术的重要性和分类。
- 理解人眼视物的原理。
- 理解条码识别技术的原理。
- 了解条码识别技术的概念。
- 了解超市收银系统。

2. 技能目标

- 能够理解人的识别过程进而理解自动识别技术。
- 掌握简单一维条码的手工绘制方法。
- 能够画出超市收银系统的工作原理框图。
- 能按要求完成超市收银系统的模拟操作。

3. 素养目标

- 进一步培养与传统文化相结合的大国工匠精神。

引导案例

每位同学都去超市购买过商品，但是否每位同学都对现在超市是如何运作的产生过疑问呢？为什么超市称重人员输入商品编号就可以打出商品的一维条码？为什么超市收银人员扫到你购买的商品的一维条码就可以知道你购买的是什么物品，多少钱呢？

原来这其中有智能超市收银系统在为超市“保驾护航”，然而超市收银系统的核心就是自动识别技术，如图 5-0-1 所示。

图 5-0-1 超市收银系统

任务 1 自动识别技术认知

任务描述与要求

任务描述：

自动识别技术是超市收银系统的核心，要弄明白什么是识别，什么是自动识别技术。

任务要求：

- 可依据经典场景描述该场景使用了什么自动识别技术。
- 知道这些自动识别技术是如何实现的。

知识储备

1. 自动识别和自动识别技术的概念

想一想 你自己会进行自动识别吗？

识：认识，是信息存储的过程。

别：辨别，是信息区分的过程。

自动识别：自动对是否认识进行辨别。

用电子学的方式实现对人自动识别过程的模拟，就诞生了自动识别技术。

自动识别技术：使用识别装置，通过与被识别物品之间的接近运动，自动获取被识别物品的相关信息，并提供给后台处理系统（计算机、单片机等）来完成识别和相关处理的过程。

想一想

你身体上的“识别装置”是什么？

你的“被识别物品”是什么？

你身体上的“后台处理系统”是什么？

你是如何完成“认识”这个过程的？

你是如何完成“辨别”这个过程的？

2. 自动识别技术的重要性

（1）自动识别技术已融入生活的各个方面，与我们的生活息息相关，学习自动识别技术可以辅助我们更好生活。帮助我们理解为什么老师的卡可以打开学校电梯门，学生的卡却打不开，为什么刷公交卡可以打开地铁闸机等现实生活中的问题。关于意识潜入型的游戏也会随着自动识别技术的发展进入人们的生活。

（2）自动识别技术是物联网的基础，也是其重要组成部分。从技术上来说，自动识别技术是一种传感器，它传递的是一个正确或错误的信息。自动识别技术在物联网感知层方面有着举足轻重的地位。

（3）自动识别技术从诞生的一刻起，就会随人类的文明永远持续下去，是人类文明重要的里程碑。

3. 自动识别技术的分类

自动识别技术按照被识别物品的不同大致可分为条码识别技术、射频识别技术、语音识别技术、生物特征识别技术，如图 5-1-1 所示。自动识别技术并不是只有这四类，只是这四类在自动识别技术中占比比较多而已。

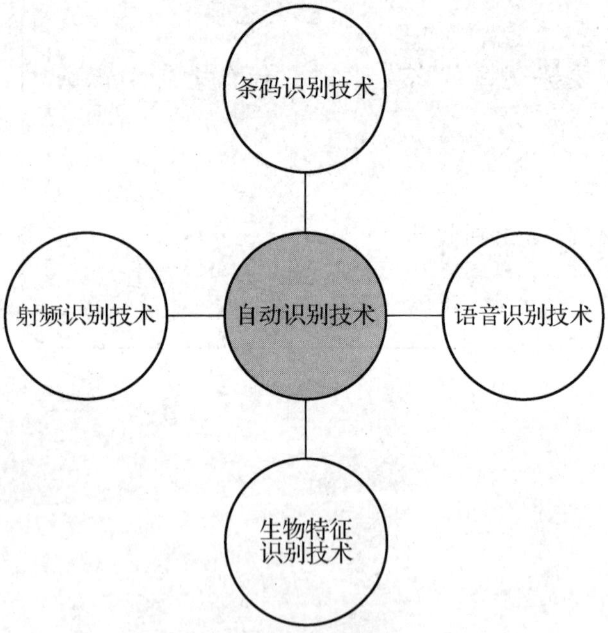

图 5-1-1　自动识别技术的分类

4. 自动识别技术的意义

自动识别技术是一种新的采集技术，它具有对传统采集技术的采集量大、误码率高等缺点，也具有及时、准确、大大减轻人的简单重复劳动的优点，同时具备自动化程度高、极大缩短人的等待时间的特性，所以它时时刻刻存在于人的医、食、住、行各个方面。

任务实施

如图 5-1-2 和图 5-1-3 所示，找出下面经典场景中哪些包含了自动识别技术，在你认为包含自动识别技术的经典场景中分别写出识别装置、被识别物品、后台处理系统，认真描述该经典场景在自动识别时“认识”和“辨别”的过程。

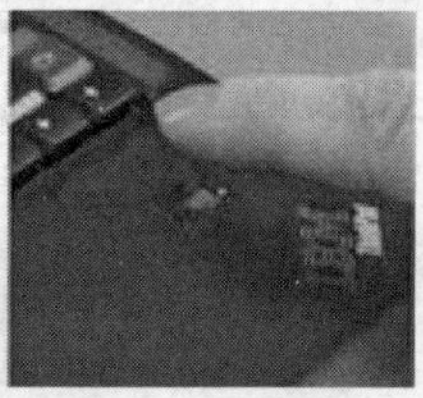

（　　）　（　　）　（　　）　（　　）

（　　）　（　　）　（　　）　（　　）

图 5-1-2　自动识别经典场景一

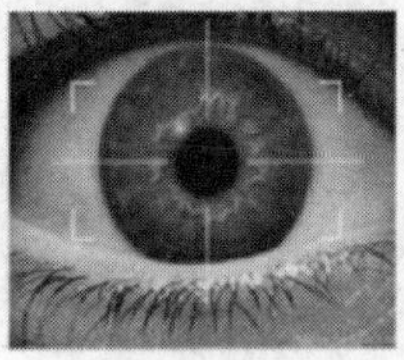

（　　）　（　　）　（　　）　（　　）

（　　）　（　　）　（　　）　（　　）

图 5-1-3　自动识别经典场景二

自动识别技术认知任务工单

本任务的任务工单如表 5-1-1 所示。

表 5-1-1　任务 1 的任务工单

项目 5　智能商超自动识别技术应用	任务 1　自动识别技术认知
一、本次任务关键知识引导 1．识：（　　），是（　　　　）的过程。 2．别：（　　），是（　　　　）的过程。 3．自动识别技术：使用（　　　　），通过与（　　　　　）之间的接近运动，自动获取（　　　　）的相关信息，并提供给（　　　　　　），来完成识别和相关处理的过程。	

续表

二、任务检查与评价

评价方式	可采用自评、互评、教师评价等方式			
说　明	主要评价学生在项目学习过程中的操作技能、理论知识、学习态度、课堂表现、学习能力等			

序号	评价内容	评价标准	分值	得分
1	知识运用（20%）	掌握相关理论知识，完成本次任务关键知识引导的作答准确率（20分）	20分	
2	专业技能（40%）	独立完成图5-1-2中八个自动识别经典场景的任务（+20分）	40分	
		独立完成图5-1-3中八个自动识别经典场景的任务（+20分）		
3	核心素养（20%）	具有良好的自主学习、分析解决问题、帮助他人的能力，整个任务过程中指导过他人并解决过他人的问题（20分）	20分	
		具有较好的学习能力和分析解决问题的能力，任务过程中未指导过他人（15分）		
		具有主动学习并收集信息的能力，遇到问题请教过他人并得以解决（10分）		
		不主动学习（0分）		
4	职业素养（20%）	实验完成后，设备无损坏、设备摆放整齐、工位区域内保持整洁、未干扰课堂秩序（20分）	20分	
		实验完成后，设备无损坏、未干扰课堂秩序（15分）		
		未干扰课堂秩序（10分）		
		干扰课堂秩序（0分）		
总得分				

任务小结

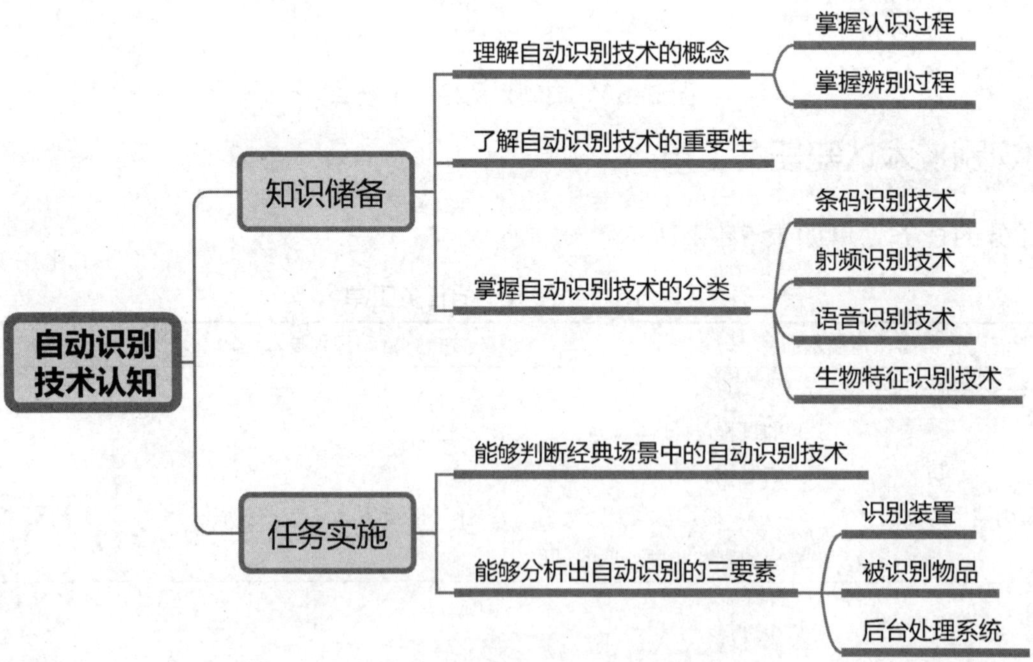

任务2 条码识别技术认知

任务描述与要求

任务描述：

在去超市购物的时候，是否有留意你买的每个商品上都有条码，在结账时收银员拿一个扫描枪对着商品上的条码进行扫描，收银员就可以知道你买的是什么商品和它的价格了。在超市中应用的自动识别技术就是条码识别技术。

任务要求：

- 绘制简易的一维条码。

知识储备

1. 人的眼睛视物原理

人的眼睛其实是一个被动的光子接收器，人要是想看到被视物，首先要有光源发射光子，光子被被视物反射到人的眼睛中后成像，这时人才能看到被视物，如图5-2-1所示。

图5-2-1 人的眼睛视物原理

想一想 在一个伸手不见五指的夜晚，你是先看到白色物体，还是先看到黑色物体？

2. 条码识别技术的概念

不同的颜色对光的反射率是不同的。

白色能反射各种波长的光（反射率高）。

黑色能吸收各种波长的光（反射率低）。

条码识别技术就是利用黑色与白色对光的反射率不同再加上光电效应来完成的。

条码识别技术：当条码扫描器发出的光波遇到条码上的黑条和白色空白发生反射后，在条码扫描器的接收器上会产生不一样的电信号。我们利用这种特性进行编码，就是条码识别技术。

条码识别规则：黑色线条被识别为“1”，白色空白被识别为“0”，允许相邻两个相同的条码进行合并，如图 5-2-2 所示。

类别	线条形态	逻辑形态	线条数目
粗黑线	▮	11	2
细黑线	▮	1	1
粗白线	▯	00	2
细白线	▯	0	1

图 5-2-2　Code39 码的字符编码方式

目前，条码按照排列方式可分为一维条码和二维条码两种。

一维条码可分为 Code39、Code128、EAN-13、EAN-128、SSCC-18、UPC-A、Codabar、ITF-14 等。

二维条码可分为 QR Code、PDF417、Data Matrix、MicroPDF417、Aztec Code、MaxiCode 等。

3. 一维条码识别技术的原理解析

依据图 5-2-3 对一维条码进行详细解析说明，首先图的最上端是一支扫码枪，扫码枪通过激光二极管将光发射出来（光源），一般扫码枪选取的都是红外线。当发射出来的光被一维条码遮挡后，黑色条码部分吸收了光，而白色空白部分反射了光。反射后的光被扫码枪的光接收元件接收，并进行光电转换（光电效应）产生对应的模拟波形，也就是黑色条码没有反射光，所以对应的光接收元件没有产生电压（电流），可记为低电平，而白色空白部分反射了光，所以对应的光接收元件产生了电压（电流），可记为高电平，形成了如图 5-2-3 所示模拟波形。扫码枪中的单片机对模拟波形进行采集，并依据模拟波形生成对应的数字波形。在模拟波形转换为数字波形时，这里将低电平转换为“1”，将高电平转换为“0”，与我们之前学习的“1”表示高电平，“0”表示低电平有差别。最后扫码枪将得到的数据（数字波形）传递给后台处理系统。

画一画　画出扫码枪扫码的工作原理框图。

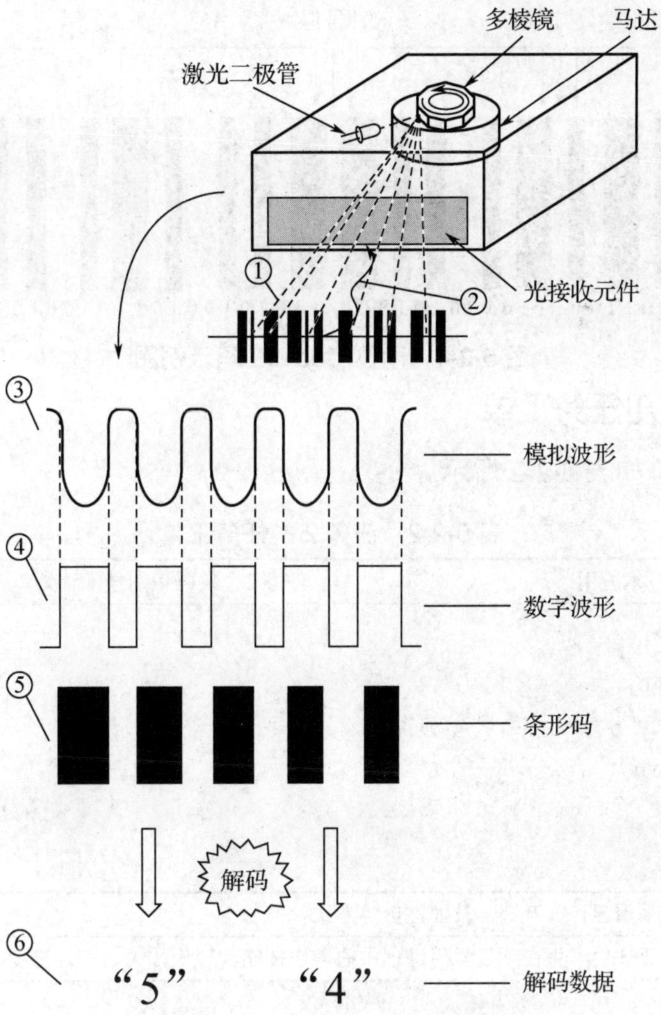

图 5-2-3 扫描枪扫码原理图

任务实施

依据表 5-2-1、图 5-2-4 和刚刚所学过的知识，画出你学号后两位数字的 Code39 码。

表 5-2-1 Code39 码字符与条码逻辑形态对照表

字　符	逻辑形态	字　符	逻辑形态
0	101001101101	9	101100101101
1	110100101011	A	110101001011
2	101100101011	B	101101001011
3	110110010101	C	110110100101
4	101001101011	D	101011001011
5	110100110101	E	110101100101
6	101100110101	F	101101100101
7	101001011011	—	—
8	110100101101	—	—

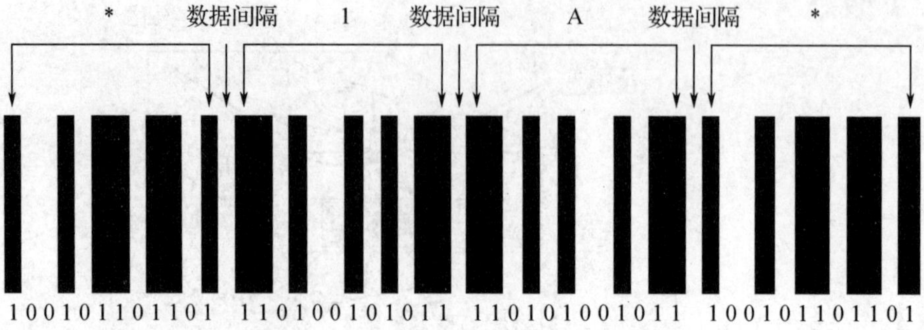

图 5-2-4　两位 Code39 码示例图

条码识别技术认知任务工单

本任务的任务工单如表 5-2-2 所示。

表 5-2-2　任务 2 的任务工单

项目 5　智能商超自动识别技术应用	任务 2　条码识别技术认知

一、本次任务关键知识引导

1．简述人眼是如何看到物体的。

2．目前，条码按照排列方式可分为（　　　）和（　　　）两种。

（　　）可分为 Code39、（　　）、（　　）、（　　）、（　　）、（　　）、（　　）、ITF-14 等。

（　　）可分为 QR Code、（　　）、（　　）、（　　）、（　　）、（　　）等。

二、任务检查与评价

评价方式		可采用自评、互评、教师评价等方式		
说　明		主要评价学生在项目学习过程中的操作技能、理论知识、学习态度、课堂表现、学习能力等		
序号	评价内容	评价标准	分值	得分
1	知识运用（20%）	掌握相关理论知识，完成本次任务关键知识引导的作答准确率（20 分）	20 分	
2	专业技能（40%）	独立完成 Code39 码的绘制（40 分）	40 分	
3	核心素养（20%）	具有良好的自主学习、分析解决问题、帮助他人的能力，整个任务过程中指导过他人并解决过他人的问题（20 分）	20 分	
		具有较好的学习能力和分析解决问题的能力，任务过程中未指导过他人（15 分）		
		具有主动学习并收集信息的能力，遇到问题请教过他人并得以解决（10 分）		
		不主动学习（0 分）		
4	职业素养（20%）	实验完成后，设备无损坏、设备摆放整齐、工位区域内保持整洁、未干扰课堂秩序（20 分）	20 分	
		实验完成后，设备无损坏、未干扰课堂秩序（15 分）		
		未干扰课堂秩序（10 分）		
		干扰课堂秩序（0 分）		
总得分				

任务小结

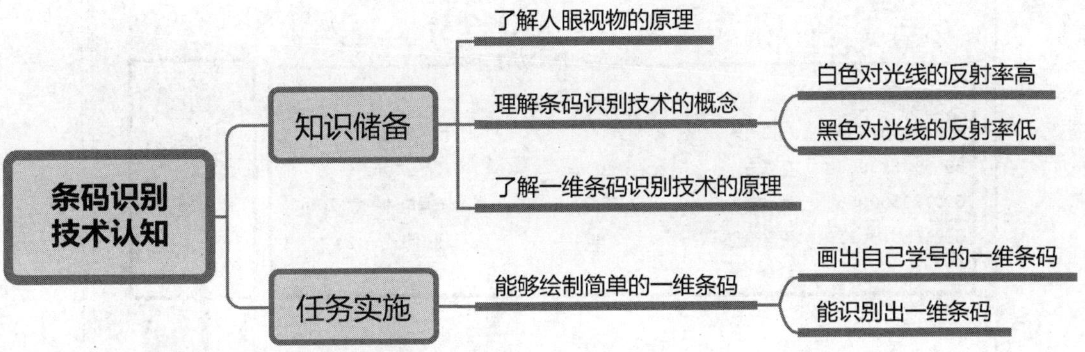

任务 3　超市收银系统

任务描述与要求

任务描述：

在掌握了自动识别技术基础知识之后，现在让我们来探究超市收银系统，实际模拟超市的商品录入和查询系统，在这个过程中可理解超市收银系统的“认识”和“辨别”过程。

任务要求：

- 明确超市收银系统的自动识别三要素是什么。
- 明确超市收银系统的“认识”和“辨别”过程是什么。
- 举一反三，知道学校电梯的自动识别三要素和识别过程分别是什么。

任务实施

设备与资源准备

任务实施前必须先准备好以下设备和资源，如表 5-3-1 所示。

表 5-3-1　任务 3 需准备的设备和资源

序号	设备/资源名称	数量	是否准备到位（√）
1	模拟超市收银系统	1 个	
2	扫码枪	1 个	
3	带有一维条码的物品	若干	

1. 模拟超市收银系统界面解析

模拟超市收银系统主界面解析图如图 5-3-1 所示（注意：图中的“条形码”即为“条码”的全称，全书在正文介绍中统一使用“条码”）。

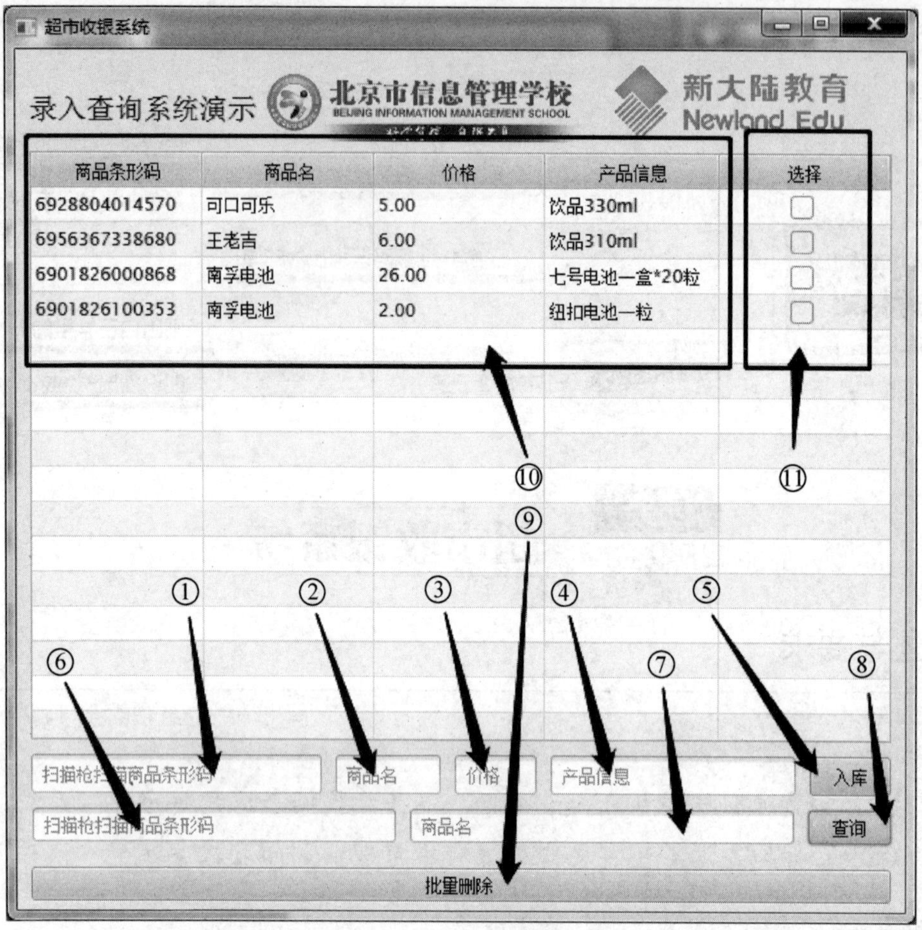

图 5-3-1　模拟超市收银系统主界面解析图

① 入库用一维条码数据输入框，入库时一维条码数据在此处输入。

② 一维条码对应的商品名输入框，入库时一维条码对应商品的名称在此处输入。

③ 一维条码对应的商品价格输入框，入库时一维条码对应商品的价格在此处输入。

④ 一维条码对应的产品信息输入框，入库时一维条码对应产品的信息在此处输入。

⑤ 入库操作按钮，填写全部信息后，单击此按钮进行入库操作，操作结果可查看⑩。

⑥ 查询用一维条码数据输入框，查询时一维条码数据在此处输入。

⑦ 查询用商品名输入框，查询时商品的名称在此处输入。

⑧ 查询操作按钮，填写要查询商品的一维条码数据或名称后，单击此按钮进行查询操作。

⑨ 批量删除按钮，单击此按钮删除所有产品信息选择框内勾选的产品信息。

⑩ 已入库产品信息框。

⑪ 产品信息选择框。

2. 按照下面的步骤完成超市收银系统的商品入库工作

（1）打开模拟超市收银系统主界面，如图 5-3-2 所示。

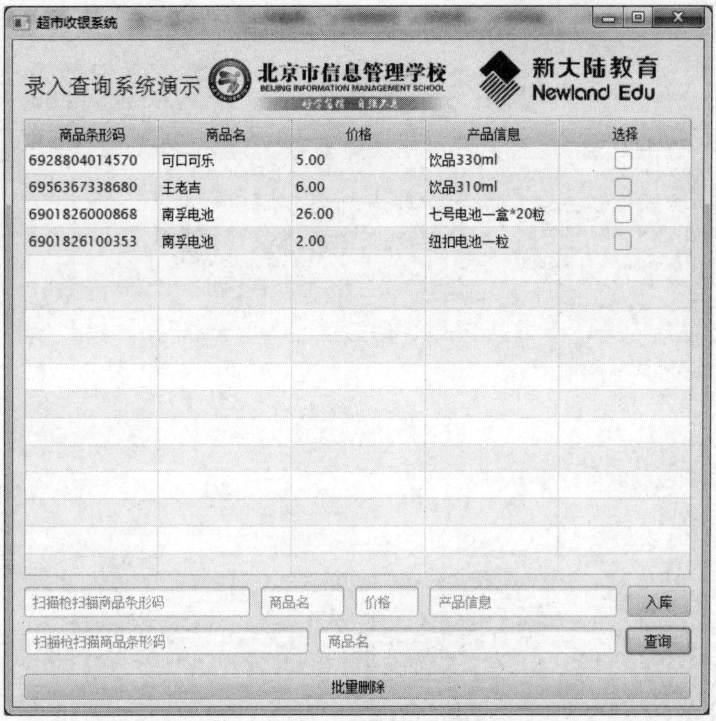

图 5-3-2 模拟超市收银系统主界面

（2）拿出一个带有一维条码的商品，将光标移至入库用一维条码数据输入框内，使用扫码枪扫描一维条码，如图 5-3-3 所示。

图 5-3-3 模拟超市收银系统入库操作 1

（3）在一维条码对应的商品名输入框内输入商品名，如图 5-3-4 所示。

图 5-3-4 模拟超市收银系统入库操作 2

（4）在一维条码对应的商品价格输入框内输入商品单价，如图 5-3-5 所示。

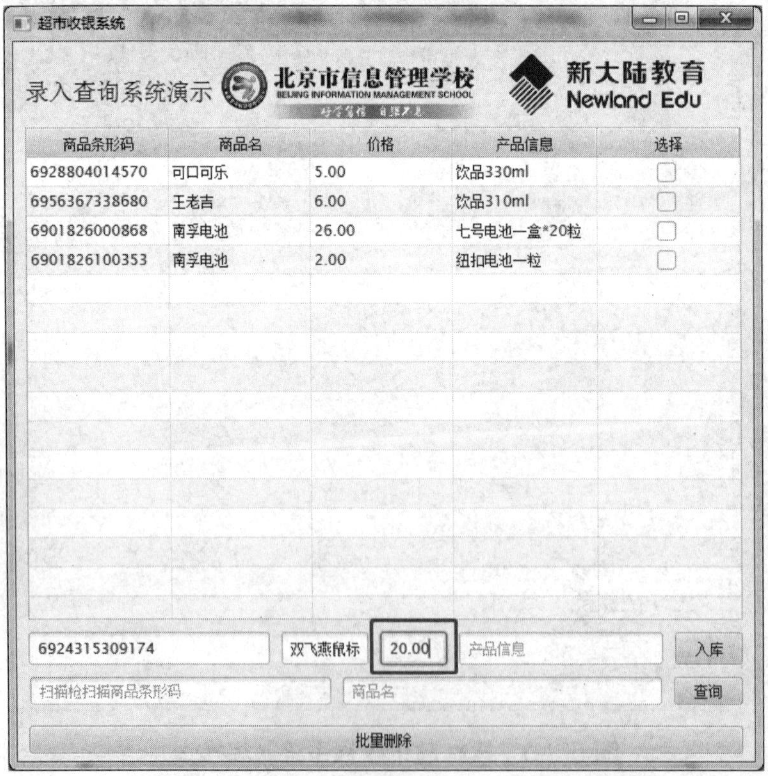

图 5-3-5 模拟超市收银系统入库操作 3

（5）在一维条码对应的产品信息输入框内输入产品信息，如图 5-3-6 所示。

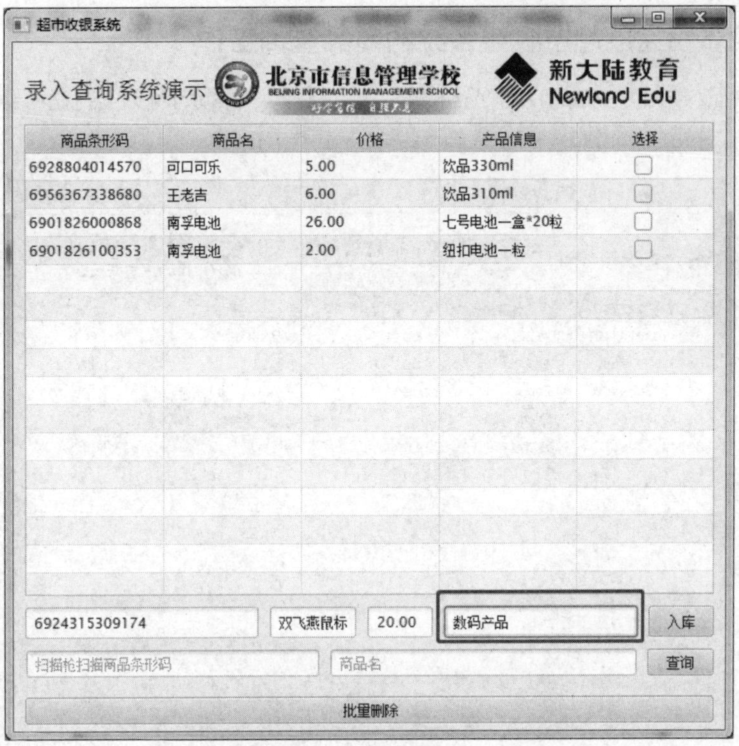

图 5-3-6　模拟超市收银系统入库操作 4

（6）单击“入库”按钮完成入库操作，如图 5-3-7 所示。

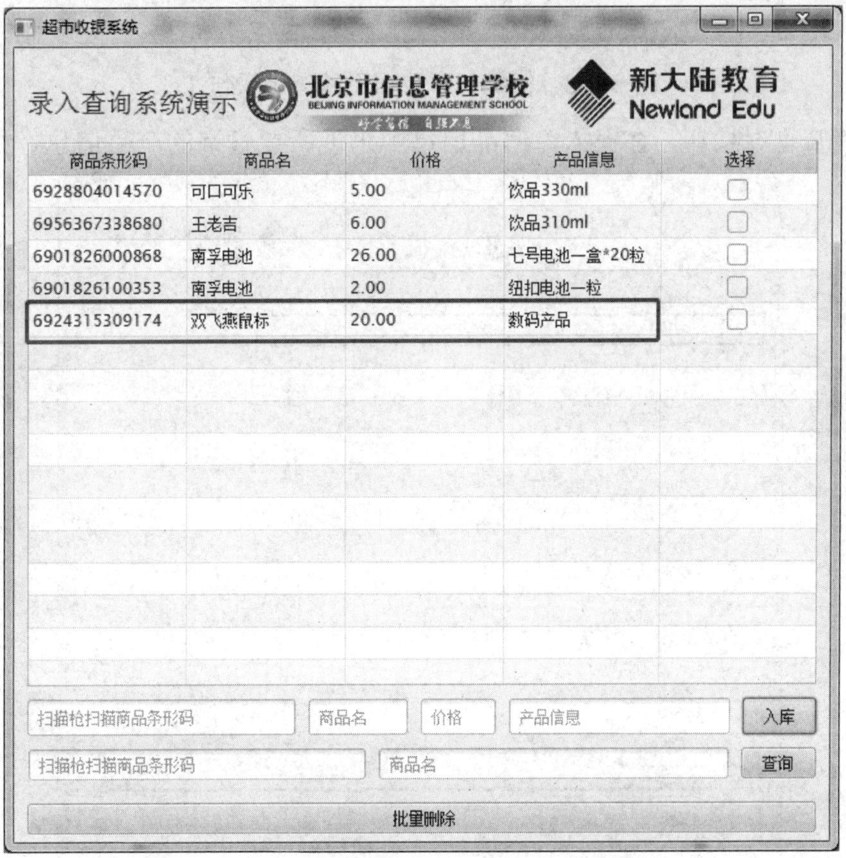

图 5-3-7　模拟超市收银系统入库操作 5

3．按照下面的步骤完成超市收银系统的商品查询工作

（1）拿出一个已入库的商品，将光标移至查询用一维条码数据输入框内，使用扫码枪扫描一维条码，如图 5-3-8 所示。

图 5-3-8　模拟超市收银系统查询操作 1

（2）单击“查询”按钮，在已入库产品信息中出现所要查询的产品信息，如图 5-3-9 所示。

图 5-3-9　模拟超市收银系统查询操作 2

（3）先将查询用一维条码数据输入框内的数据删除，再单击“查询”按钮，使界面返回初始界面，如图 5-3-10 所示。

图 5-3-10　模拟超市收银系统查询操作 3

（4）在查询用商品名输入框内输入想要查询的商品名称，单击“查询”按钮，如图 5-3-11 所示。

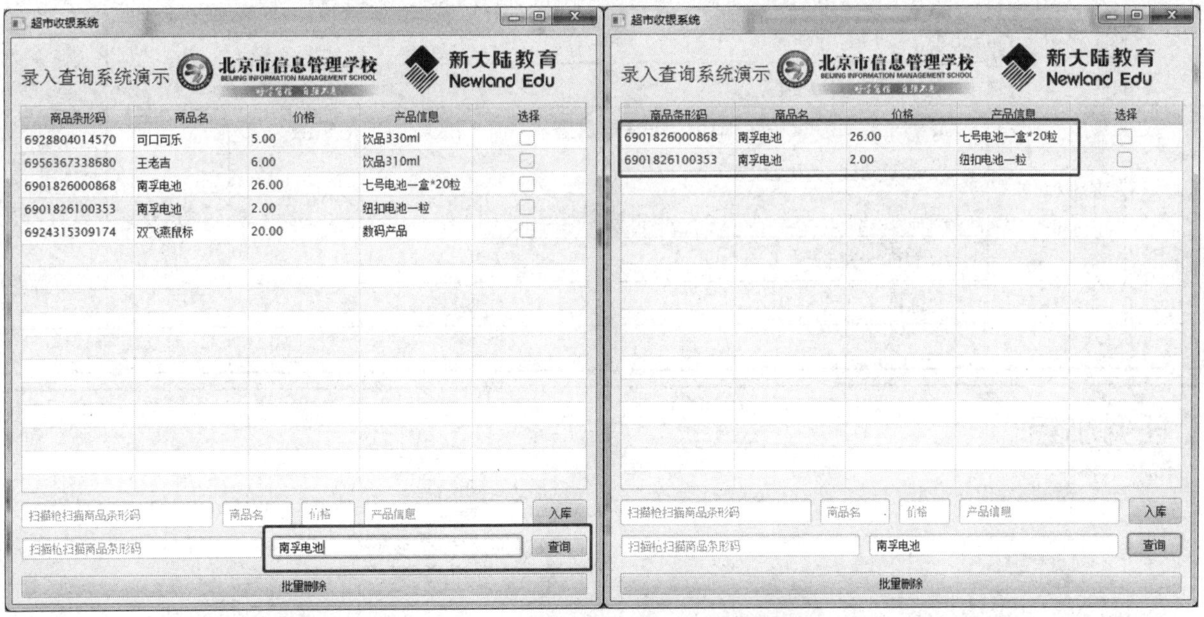

图 5-3-11　模拟超市收银系统查询操作 4

（5）先将查询用商品名输入框内的数据删除，再单击“查询”按钮，使界面返回初始界面。

写一写 写出超市收银录入查询系统“认识”过程是怎样的。

写一写 写出超市收银录入查询系统“辨别”过程是怎样的。

画一画 画出超市收银录入查询系统工作流程图。

超市收银系统任务工单

本任务的任务工单如表 5-3-2 所示。

表 5-3-2　任务 3 的任务工单

项目 5　智能商超自动识别技术应用	任务 3　超市收银系统

任务检查与评价

评价方式	可采用自评、互评、教师评价等方式			
说　明	主要评价学生在项目学习过程中的操作技能、理论知识、学习态度、课堂表现、学习能力等			
序号	**评价内容**	**评价标准**	**分值**	**得分**
1	专业技能（60%）	独立完成超市收银系统的硬件搭建（+10 分）	60 分	
		独立完成超市收银系统的任务操作（+10 分）		
		按任务要求完成实验并做好记录（+10 分）		
		每个学习小组选出一人进行汇报，要求按照格式，声音洪亮，吐字清晰（小组其他学生得到汇报同学一半的分数）（+30 分）		
2	核心素养（20%）	具有良好的自主学习、分析解决问题、帮助他人的能力，整个任务过程中指导过他人并解决过他人的问题（20 分）	20 分	
		具有较好的学习能力和分析解决问题的能力，任务过程中未指导过他人（15 分）		
		具有主动学习并收集信息的能力，遇到问题请教过他人并得以解决（10 分）		
		不主动学习（0 分）		
3	职业素养（20%）	实验完成后，设备无损坏、设备摆放整齐、工位区域内保持整洁、未干扰课堂秩序（20 分）	20 分	
		实验完成后，设备无损坏、未干扰课堂秩序（15 分）		
		未干扰课堂秩序（10 分）		
		干扰课堂秩序（0 分）		
总得分				

任务小结

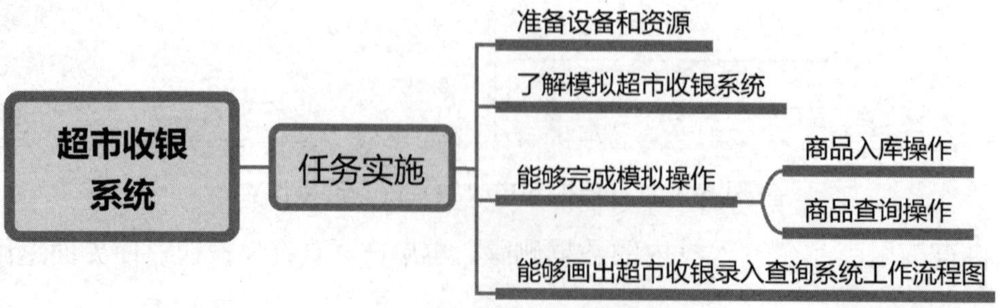

项目 6

智能图书馆自动识别技术应用

项目学习目标

1. 知识目标

- 了解二进制数的概念，以及二进制数与十六进制数相互转换的方法。
- 了解射频识别技术的原理、概念、分类。
- 了解协议的概念和作用。
- 了解 T5557 低频卡的结构和工作原理。
- 了解 M1 高频卡的结构、工作原理和分类。

2. 技能目标

- 能够独自完成二进制数与十六进制数相互转换。
- 能够绘制射频识别技术的工作原理框图。
- 能够绘制 T5557 低频卡的结构图和工作原理框图。
- 能够绘制 M1 高频卡的结构图和工作原理框图。
- 能够绘制智能图书馆自动识别技术系统的工作原理框图。

3. 素养目标

- 培养安全用电、节能的工作意识，做到规范操作、按需取材的工作习惯。
- 以大国工匠精神为核心培养细致缜密的工作态度、团结协作的良好品质、沟通交流和书面表达能力。

引导案例

现在的图书馆里，你办理一张借书卡就可以借到自己想看的书，而且借书的过程都是可以自助的。图书馆里都有一台或几台借还书的设备，你只要先把想借的书或想还的书在设备处进行自动识别，再把自己的借书卡自动识别一下，滴的一声响后，借书或还书就成功了。是不是非常方便呢？那么让我们来了解一下这是怎么做到的吧！图书馆自助借还书系统如图 6-0-1 所示。

图 6-0-1　图书馆自助借还书系统

任务1　射频识别技术认知

任务描述与要求

任务描述：

射频识别技术传递的数据是计算机使用的二进制数据，在了解什么是射频识别技术的情况下，还必须会解读射频识别中数据的意义。

任务要求：

- 会将二进制数和十六进制数相互转换。
- 会计算十六进制数的加减法。

知识储备

1．射频识别技术简介

射频识别技术的基础是无线射频技术，无线射频技术是一种通信技术，可通过无线电信号识别特定目标并读写相关数据。

射频识别技术简称 RFID，是在无线射频通信的基础上完成自动识别的。

使用电子标签、天线、读写器、计算机可以组成一个 RFID 最小系统，完成相关的射频识别。

想一想　使用自动识别技术三要素来分析 RFID 最小系统。

电子标签：由芯片和天线组成，附着在物体上，标识目标对象，具有唯一编码，存储物品信息及状态。

天线：连接读写器和电子标签的通信端口，实现无线通信，完成能量和数据交换。

读写器：为电子标签提供能量，唤醒电子标签，并与电子标签内芯片进行通信，将结果传回计算机。

计算机：读取读写器传回来的数据，利用计算机上的软件进行数据对比，来完成自动识别。

RFID 工作流程框图如图 6-1-1 所示。

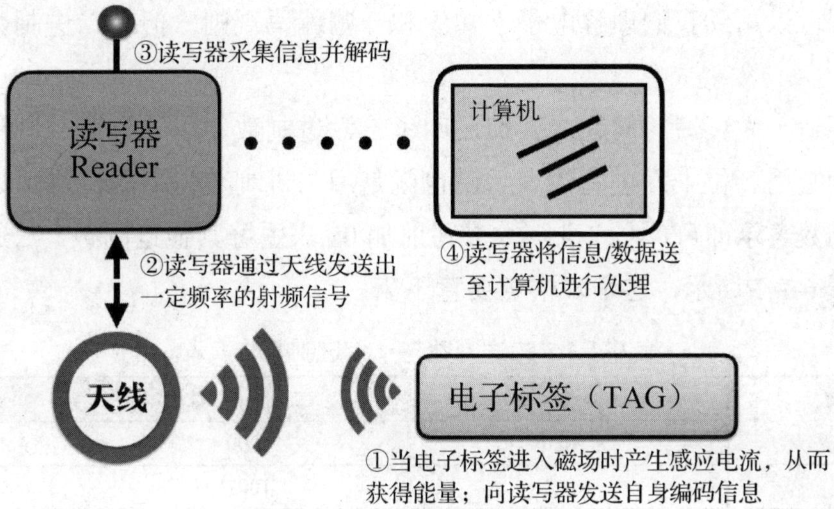

图 6-1-1　RFID 工作流程框图

RFID 具有抗污染能力强、安全性高、信息量大、可远距离识别、一次识别多个目标、按要求随时改变存储信息的优点，广泛应用在人们的工作生活中。

RFID 根据通信使用频率的不同，可分为低频、高频、超高频、微波四类。

低频：工作频率典型值为 125kHz、133kHz。

高频：工作频率典型值为 13.56MHz。

超高频：工作频率范围为 800MHz～960MHz。

微波：工作频率典型值为 2.4GHz、5.8GHz。

2. 二进制数与十六进制数

二进制数是计算机、单片机系统中所使用的数据，二进制数只包含 0 和 1 这两个数码，也就是说用 0 和 1 表示所有的二进制数，二进制数的加减法则是逢二进一、借一当二。

试一试　尝试用二进制数从 0 数到 9。

在计算机二进制系统中，把每个二进制数叫作位，也就是每个 0 或 1 就是一个位（bit），每 8 位组成一个字节（byte），简称 B。人们为了读写方便，规定 1024B=1KB，依次类推，1024KB 组成 1MB，1024MB 组成 1GB，1024GB 组成 1TB 等。

总结如下：

1B=8bit

1KB=1024B

1MB=1024KB

1GB=1024MB

1TB=1024GB

二进制数简单方便，易于电子方式实现，现在的计算机、单片机等数字电子系统中均采用二进制数。之前学习的传感器和现在学习的自动识别设备中输出的均为二进制数，学习并掌握二进制数据可以帮助我们理解电子学知识和一些编码规则，但是二进制数过长，不适于人的读写。

为了解决不适于人读写的问题，人们发明了十六进制数，用于缩短二进制数长度，方法是每四位二进制数用一位十六进制数表示，也就是用二进制数先每四位进行划分，然后用相对应的十六进制数表示即可，十六进制数书写前加 0x 来区分其他进制数。二进制数与十六进制数转换表如表 6-1-1 所示，这个表格需要背下来。

表 6-1-1 二进制数与十六进制数转换表

二 进 制 数	十六进制数	二 进 制 数	十六进制数
0000	0x0	1000	0x8
0001	0x1	1001	0x9
0010	0x2	1010	0xA
0011	0x3	1011	0xB
0100	0x4	1100	0xC
0101	0x5	1101	0xD
0110	0x6	1110	0xE
0111	0x7	1111	0xF

任务实施

依据二进制数加减法则完成下面的计算。

（1）进行 0000 到 1111 的加 1 计算。

（2）计算下面的二进制数加减法。

1101+1011=

1101-1011=

（3）将下面数据进行转换。

11111111 转换成十六进制数：

11011011 转换成十六进制数：

10101010 转换成十六进制数：

1010101110101101 转换成十六进制数：

0x55 转换成二进制数：

0x87 转换成二进制数：

0x26 转换成二进制数：

0x696D 转换成二进制数：

（4）先将 0x2A 和 0x3C 转换为二进制数再相加，最后将结果转换回十六进制数。

（5）先将 0x6D 和 0x3B 转换为二进制数再相减，最后将结果转换回十六进制数。

射频识别技术认知任务工单

本任务的任务工单如表 6-1-2 所示。

表 6-1-2　任务 1 的任务工单

项目 6　智能图书馆自动识别技术应用	任务 1　射频识别技术认知

一、本次任务关键知识引导

1．一个 RFID 最小系统包含（　　）、（　　）、（　　）、（　　）。

2．RFID 根据通信时使用频率不同，可分为（　　）（　　）、（　　）、（　　）四类。

3．先将 0x62 和 0x26 转换为二进制数再相减，最后将结果转换回十六进制数。

二、任务检查与评价

<table>
<tr><td colspan="2">评价方式</td><td colspan="3">可采用自评、互评、教师评价等方式</td></tr>
<tr><td colspan="2">说　明</td><td colspan="3">主要评价学生在项目学习过程中的操作技能、理论知识、学习态度、课堂表现、学习能力等</td></tr>
<tr><th>序号</th><th>评价内容</th><th>评价标准</th><th>分值</th><th>得分</th></tr>
<tr><td>1</td><td>知识运用（20%）</td><td>掌握相关理论知识，完成本次任务关键知识引导的作答准确率（20 分）</td><td>20 分</td><td></td></tr>
<tr><td rowspan="2">2</td><td rowspan="2">专业技能（40%）</td><td>独立完成任务实施里的二进制数加 1 计算（+20 分）</td><td rowspan="2">40 分</td><td rowspan="2"></td></tr>
<tr><td>独立完成任务实施里的二进制数计算（+20 分）</td></tr>
<tr><td rowspan="4">3</td><td rowspan="4">核心素养（20%）</td><td>具有良好的自主学习、分析解决问题、帮助他人的能力，整个任务过程中指导过他人并解决过他人的问题（20 分）</td><td rowspan="4">20 分</td><td rowspan="4"></td></tr>
<tr><td>具有较好的学习能力和分析解决问题的能力，任务过程中未指导过他人（15 分）</td></tr>
<tr><td>具有主动学习并收集信息的能力，遇到问题请教过他人并得以解决（10 分）</td></tr>
<tr><td>不主动学习（0 分）</td></tr>
<tr><td rowspan="4">4</td><td rowspan="4">职业素养（20%）</td><td>实验完成后，设备无损坏、设备摆放整齐、工位区域内保持整洁、未干扰课堂秩序（20 分）</td><td rowspan="4">20 分</td><td rowspan="4"></td></tr>
<tr><td>实验完成后，设备无损坏、未干扰课堂秩序（15 分）</td></tr>
<tr><td>未干扰课堂秩序（10 分）</td></tr>
<tr><td>干扰课堂秩序（0 分）</td></tr>
<tr><td colspan="3">总得分</td><td colspan="2"></td></tr>
</table>

任务小结

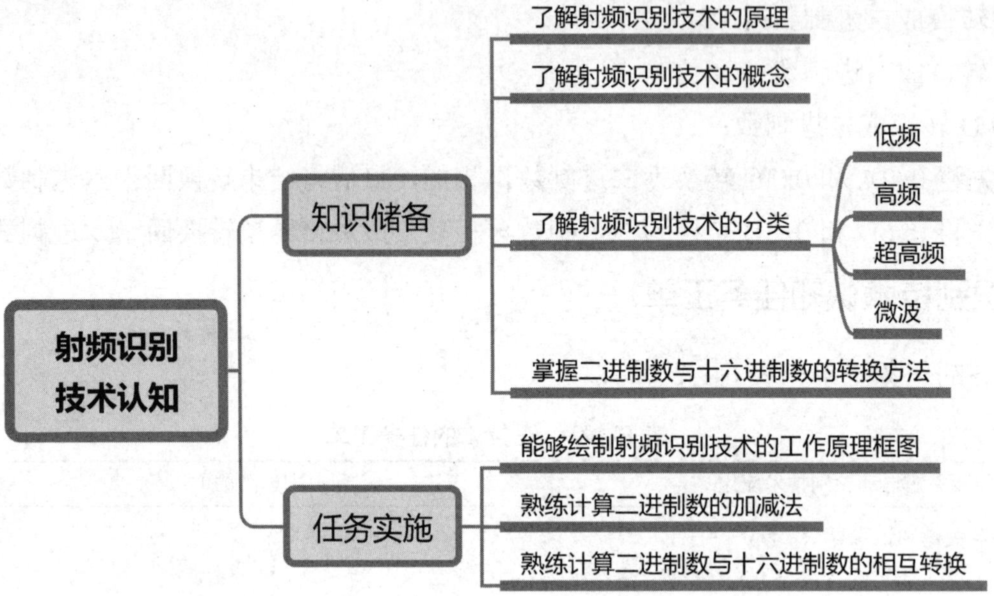

任务2 低频卡 T5557 认知

任务描述与要求

任务描述：

你有没有注意过在进入高速公路人工通道的时候，人工通道的收银员会发一张卡片给司机，在出高速的时候司机再把卡片给人工通道收银员，人工通道收银员进行读卡操作就可以告诉司机应交多少钱了，这张卡片就是低频卡，本任务就带你了解一下低频卡中具有代表性的 T5557。

任务要求：

- 会搭建硬件环境读取低频卡 T5557 的数据。

知识储备

1. 协议的认知

想一想 回忆一下什么是 RFID?

无线射频识别是建立在无线通信基础上的，凡是通信就必须有协议。

协议是通信双方必须共同遵守的一组约定，如怎么样建立连接、怎么样互相识别等。只有遵守这个约定，通信双方才能相互通信交流。

想一想 想一下，我们平时说话也是一种通信，那么我们平时说话使用的是什么协议呢?

2. 串口通信协议

串口通信指串口按约定的时间频率逐位（bit）发送和接收字节。最小连接只需要 3 根线。两个串口设备通过交叉连线通信，如图 6-2-1 所示。具体的串口通信协议是起始位（1bit）+数据位（8bit）+停止位（1bit），而约定的时间频率就是波特率。只要说串口通信，就一定遵循串口通信协议。需要注意的是，任何协议都是必须要认真遵守的，容不得错误。

图 6-2-1 串口通信硬件连接图

TXD：代表串口发送数据端口。

RXD：代表串口接收数据端口。

GND：地线，串口通信必须要两个通信设备进行共地才可以准确传递数据。

3. 低频卡简介

低频卡也称为低频电子标签，其无线通信频率范围为 30～300kHz，典型工作频率为 125 kHz 和 133 kHz。低频卡通信时遵循的协议是 ISO11784/11785 和 ISO18000-2。

低频卡具有省电、成本低等优点，其读卡距离通常不超过 0.1m，同时有着存储数据量少、输出传输速度低等缺点。

低频卡的读卡天线一般都是用铜丝直接缠绕出来的，如图 6-2-2 所示。

图 6-2-2 低频卡的读卡天线

4. 低频卡 T5557 简介

低频卡 T5557 是美国 Atmel 公司生产的多功能非接触式 R/W 辨识集成电路，适用于 125kHz 频率的范围。芯片需要连接一个天线线圈，该线圈被视为芯片电路的电力驱动补给和双向信息的沟通接口。天线和芯片一起构成感应卡片或标签。

低频卡 T5557 被广泛应用于多种形式的身份识别，如交通旅游、医疗通信、教育娱乐等多样化的应用场合。低频卡 T5557 有酒店门锁卡、健康保险卡、校园一卡通、企业/工厂考勤卡、加油卡、上网卡、就餐卡、游戏卡、学生成绩卡、电话卡、戏院卡、娱乐卡等。

低频卡 T5557 具有以下主要特性。

（1）非接触能量供给和读写数据。

（2）工作频率范围为 100～150kHz。

（3）小容量，其结构与 ISO/IEC11784/785 相似。

（4）与 e5550 产品兼容并扩展的应用模式。

（5）在芯片上有 75pF 的谐振电容器（掩模选项）。

（6）包括 32bit 密码区在内的 7×32bit 的 EEPROM 数据存储空间。

（7）单独的 64bit 存储区为厂商可追溯的数据区。

（8）具有块写保护。

（9）采用请求应答（Answer On Request，AOR）实现防碰撞。

（10）可编程选择传输速率（比特率）、编码调制方式。

（11）可工作于密码（口令）方式。

低频卡 T5557 内部电路图如图 6-2-3 所示。

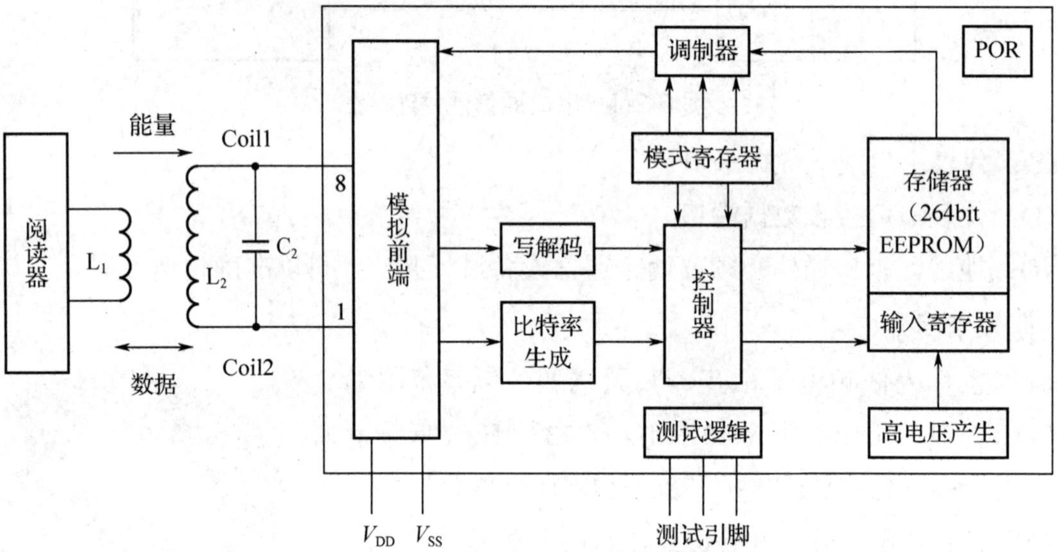

图 6-2-3　低频卡 T5557 内部电路图

低频卡 T5557 存储结构如表 6-2-1 所示。

表 6-2-1　低频卡 T5557 存储结构

页	位 0	位 1～32	块
页 1	H	追溯数据	2
页 1	H	追溯数据	1
页 0	L	用户数据或密码（口令）	7
页 0	L	用户数据	6
页 0	L	用户数据	5
页 0	L	用户数据	4
页 0	L	用户数据	3
页 0	L	用户数据	2
页 0	L	用户数据	1
页 0	L	配置数据	0

追溯数据区域：用于保存卡片制造商和卡片材质等信息，卡片的卡号数据保存在这里，寻卡时最先被读取出来的数据。这个区域被分配在卡片页 1 位置。

用户数据区域：用于存储用户写入的数据。这个区域被分配在卡片页 0 的块 1～块 6 位置。

配置数据区域：用于配置卡片的传输数据速度，是否需要用密码读取等信息。这个区域被分配在卡片页 0 块 0 位置。

密码数据区域：用于保存卡片密码数据。这个区域被分配在卡片页 0 块 7 位置。

任务实施

设备与资源准备

任务实施前必须先准备好以下设备和资源，如表 6-2-2 所示。

表 6-2-2　任务 2 需准备的设备和资源

序号	设备/资源名称	数量	是否准备到位（√）
1	低频卡	1 张	
2	M3 核心模块	1 个	
3	LF 射频模块	1 个	
4	NEWLab 实训平台	1 个	
5	USB 转串口线	1 根	

1．低频卡读写硬件连接

先将 M3 核心模块与 LF 射频模块放在 NEWLab 实训平台上，再使用杜邦线连接 M3 核心模块与 LF 射频模块，如图 6-2-4 所示，最后使用 USB 转串口线连接 NEWLab 实训平台和计算机。

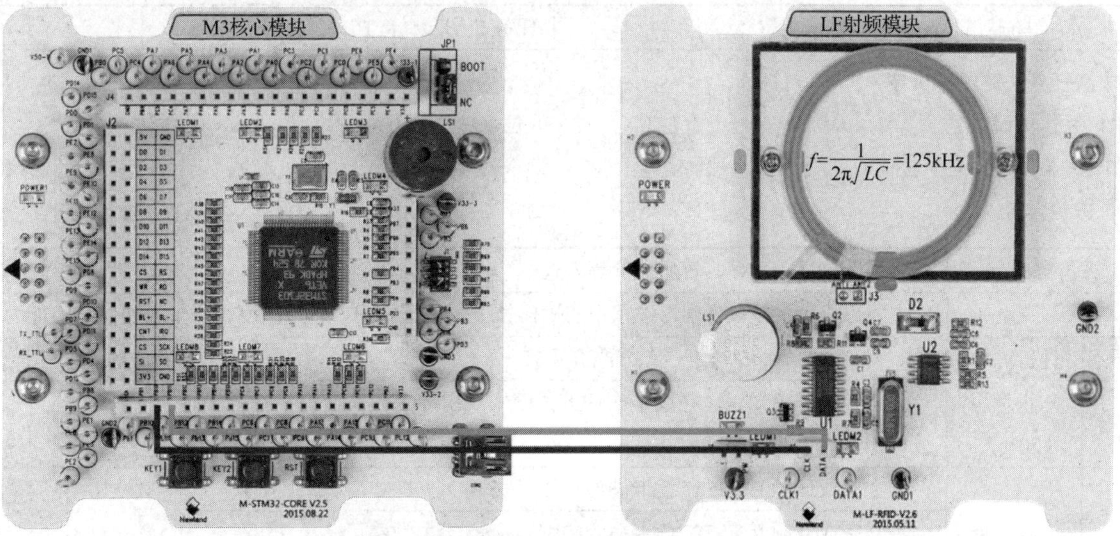

图 6-2-4　低频卡读写硬件连线图

2．读取低频卡卡号

在计算机上打开串口调试助手，选定串口号，波特率选择“115200”，勾选“十六进制显示”和“按十六进制发送”复选框，输入命令“FF 55 00 00 01 01 00 50 74”，单击“发送”按钮，收到返回数据“FF 55 00 00 81 01 08 07 08 50 2A 82 D5 E5 5F 58 C2”，如图 6-2-5 所示。其中“07 08 50 2A 82 D5 E5 5F”就是读取的卡片卡号，要注意的是，每张卡片的卡号都不一样，所以在实验中读出的卡号数据与书上的数据不一致是对的。

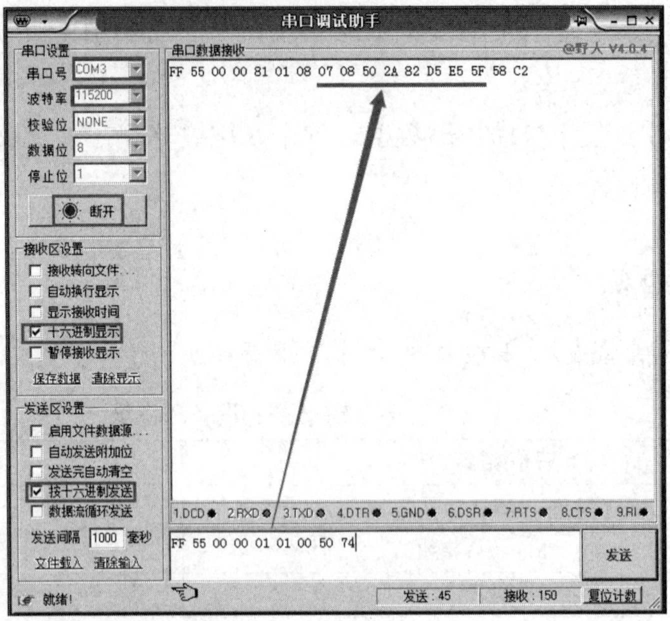

图 6-2-5　串口调试助手显示卡号图

低频卡 T5557 认知任务工单

本任务的任务工单如表 6-2-3 所示。

表 6-2-3　任务 2 的任务工单

项目 6　智能图书馆自动识别技术应用	任务 2　低频卡 T5557 认知

一、本次任务关键知识引导

1．串口通信协议包含（　　　）位+（　　　）位+（　　　）位。

2．T5557 卡存储结构中包括（　　　　）区域、（　　　　）区域、（　　　　）区域、（　　　　）区域。

二、任务检查与评价

评价方式		可采用自评、互评、教师评价等方式		
说　明		主要评价学生在项目学习过程中的操作技能、理论知识、学习态度、课堂表现、学习能力等		
序号	评价内容	评价标准	分值	得分
1	知识运用（20%）	掌握相关理论知识，完成本次任务关键知识引导的作答准确率（10分）	20 分	
2	专业技能（40%）	独立完成低频卡 T5557 读卡硬件连接（+5 分）	40 分	
		独立完成低频卡 T5557 读卡命令的编写（+5 分）		
		按任务要求完成实验并做好记录（+10 分）		
		联系选型场景，画出选型场景中低频卡的工作框图（+20 分）		

续表

序号	评价内容	评价标准	分值	得分
3	核心素养（20%）	具有良好的自主学习、分析解决问题、帮助他人的能力，整个任务过程中指导过他人并解决过他人的问题（20 分）	20 分	
		具有较好的学习能力和分析解决问题的能力，任务过程中未指导过他人（15 分）		
		具有主动学习并收集信息的能力，遇到问题请教过他人并得以解决（10 分）		
		不主动学习（0 分）		
4	职业素养（20%）	实验完成后，设备无损坏、设备摆放整齐、工位区域内保持整洁、未干扰课堂秩序（20 分）	20 分	
		实验完成后，设备无损坏、未干扰课堂秩序（15 分）		
		未干扰课堂秩序（10 分）		
		干扰课堂秩序（0 分）		
总得分				

任务小结

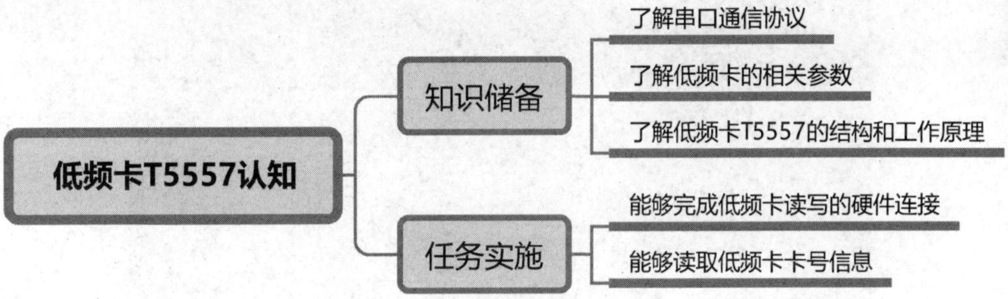

任务 3　高频卡 Mifare one 认知

任务描述与要求

任务描述：

我们使用过的公交卡就是用高频卡来制作的，在早期公交卡中还有使用高频卡 Mifare one 的，而现在使用的都是 CPU 卡。在本次任务中，我们可以学习如何读取高频卡里的数据，也可以使用设备试着读取一下自己的公交卡卡号。

任务要求：

- 会搭建硬件环境读取高频卡 Mifare one 的数据。

知识储备

1．高频卡简介

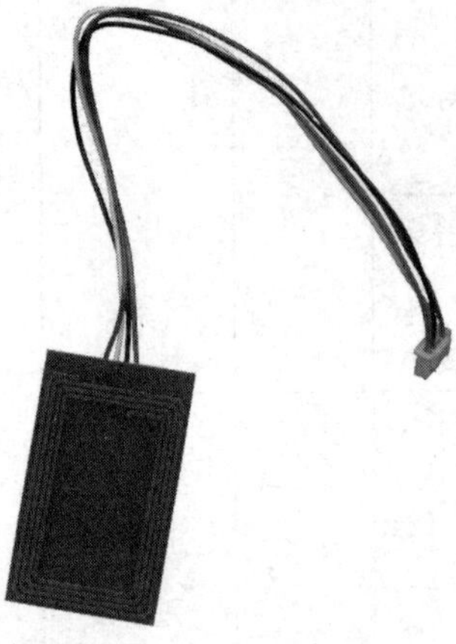

图 6-3-1 高频卡的读卡天线

高频卡称为高频电子标签，其典型无线通信频率为 13.56MHz。高频卡通信时遵循的协议是 ISO14443A/ISO14443B。

高频卡具有数据防冲突、成本低等优点，其读卡距离也通常不超过 0.1m，同时高频卡的存储数据量要比低频卡的存储数据量多，输出传输速度比低频卡输出传输速度快。

高频卡的读卡天线是非缠绕式的，一般可以使用 PCB 制作，如图 6-3-1 所示。

高频卡读卡器在使用时需要特别注意的是在读卡器的周围绝对不能有金属存在。

2．高频卡分类

（1）射频加密卡，通常称为 ID 卡。此类卡片不允许用户操作，只能发送卡片内固化的数据。目前此类卡片基本属于被淘汰状态，如图 6-3-2 所示。

图 6-3-2 射频加密卡

（2）射频存储卡，通常称为 IC 卡。此类卡片允许用户使用射频的方式存储和读取数据。目前此类卡片处于半淘汰状态，如图 6-3-3 所示。

（3）智能射频卡，通常称为 CPU 卡。此类卡片内部有自己的 CPU，具有数据处理能力，需要使用射频的方式传输 APDU 进行操控。目前此类卡片是市场上使用最多的高频卡，如公交卡就属于此类卡片，如图 6-3-4 所示。

3．高频卡 Mifare one 简介

飞利浦公司的 Mifare 系列 IC 卡是 ISO/IEC 14443A 协议的高频 RFID 无源 IC 卡，其天线圈和芯片嵌入塑料卡中，被广泛应用于电子门票等，如图 6-3-5 所示。其主要分为 S50 和 S70

两类，本书关于 RFID 高频段的实验大多以 S50 卡为实验对象，下面对 S50 卡的功能进行较为详细的介绍。

图 6-3-3　射频存储卡

图 6-3-4　智能射频卡

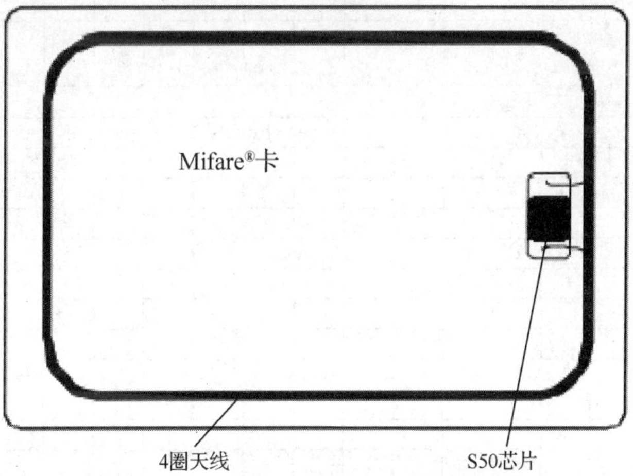

图 6-3-5　高频卡 Mifare one 构成框图

Mifare one-S50 卡具有以下主要特性。

（1）工作频率为 13.56MHz。

（2）其容量为 8Kbit，分为 16 个扇区，每扇区分为 4 个块，每块可以存储 16 个字节。

（3）每个扇区有独立的一组密码及访问控制。

（4）每张卡有唯一的 32 位序列号，即卡号。

（5）具有防冲突机制，支持多卡操作。

（6）无电源，自带天线。

（7）数据保存期为 10 年，理论上可改写 10 万次。

（8）通信速度：106kbit/s。

（9）读写距离：10cm 以内。

Mifare one-S50 卡数据存储结构图如图 6-3-6 所示。

厂商段数据区域：用于保存卡片制造商和卡片材质等信息，卡片的卡号数据保存在这里，寻卡时最先被读取出来的数据。这个区域被分配在卡片第 0 扇区第 0 块位置。

用户数据区域：用于存储用户写入的数据。这个区域被分配在卡片第 1 扇区～第 15 扇区的块 0～块 2 位置，以及第 0 扇区第 1 块和第 2 块位置。

控制块数据区域：用于保存卡片密码和卡片配置数据，密码分为 KeyA 和 KeyB 两个，分别占据 6 个字节，剩余的 4 个字节保存卡片配置数据。这个区域被分配在卡片每个扇区的块 3 位置。

扇区	绝对地址	相对地址	块内字节地址																存储对象
			0	1	2	3	4	5	6	7	8	9	10	11	12	13	14	15	
15	63	3	KeyA						Access bit				KeyB						控制块
	62	2																	数据
	61	1																	数据
	60	0																	数据
14	59	3	KeyA						Access bit				KeyB						控制块
	58	2																	数据
	57	1																	数据
2	11	3	KeyA						Access bit				KeyB						控制块
	10	2																	数据
	9	1																	数据
	8	0																	数据
1	7	3	KeyA						Access bit				KeyB						控制块
	6	2																	数据
	5	1																	数据
	4	0																	数据
0	3	3	KeyA						Access bit				KeyB						控制块
	2	2																	数据
	1	1																	数据
	0	0																	厂商段

图 6-3-6　Mifare one-S50 卡数据存储结构图

任务实施

设备与资源准备

任务实施前必须先准备好以下设备和资源，如表 6-3-1 所示。

表 6-3-1　任务 3 需准备的设备和资源

序号	设备/资源名称	数量	是否准备到位（√）
1	高频卡	1 张	
2	M3 核心模块	1 个	
3	HF 射频模块	1 个	
4	NEWLab 实训平台	1 个	
5	USB 转串口线	1 根	
6	射频天线	1 块	

1．高频卡读写硬件连接

将 M3 核心模块与 HF 射频模块放在 NEWLab 实训平台上，使用杜邦线连接 M3 核心模块与 HF 射频模块，最后将射频天线插在 HF 射频模块上，如图 6-3-7 所示，再使用 USB 转串口线连接 NEWLab 实训平台和计算机。

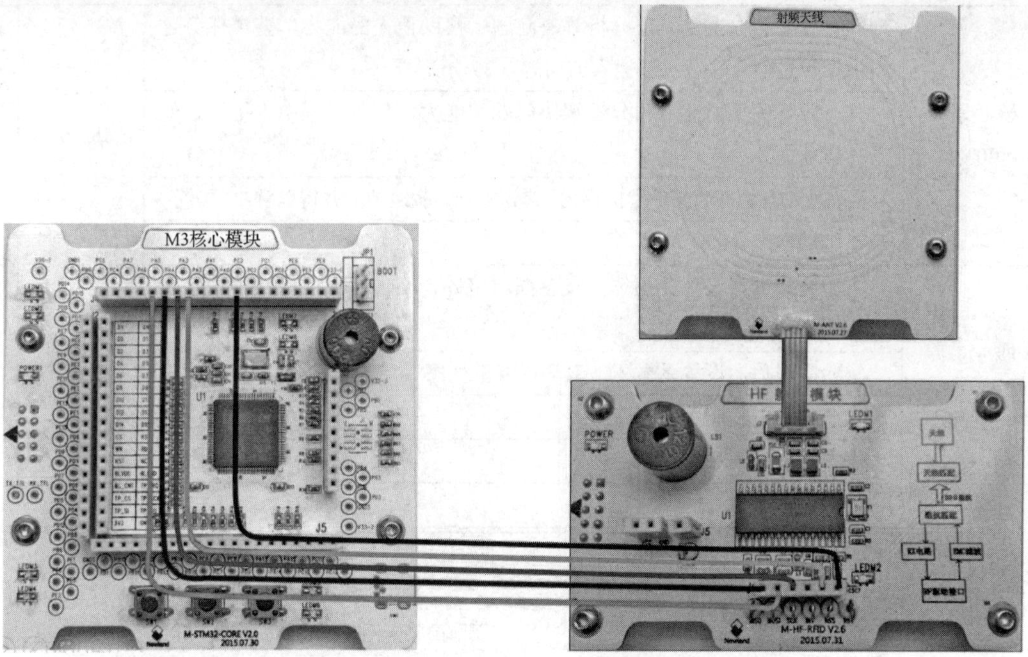

图 6-3-7　高频卡读写硬件连线图

2．读取高频卡卡号

在计算机上打开串口调试助手，选定串口号，波特率选择“115200”，勾选“十六进制显示”和“按十六进制发送”复选框，输入依据协议编写出的读卡命令，单击“发送”按钮，收到返回数据并解析出卡号，要注意的是每张卡片的卡号都不一样，所以在实验中读出的卡号数据与书上的数据不一致是对的。

高频卡 Mifare one 认知任务工单

本任务的任务工单如表 6-3-2 所示。

表 6-3-2 任务 3 的任务工单

项目 6 智能图书馆自动识别技术应用	任务 3 高频卡 Mifare one 认知

一、本次任务关键知识引导

1. 高频卡分为（　　　）卡、（　　　）卡、（　　　）卡，现在被广泛使用的是（　　　）卡。

2. Mifare one-S50 卡数据存储结构中包括（　　　　）区域、（　　　　）区域、（　　　　）区域。

二、任务检查与评价

评价方式	可采用自评、互评、教师评价等方式			
说　明	主要评价学生在项目学习过程中的操作技能、理论知识、学习态度、课堂表现、学习能力等			
序号	评价内容	评价标准	分值	得分
1	知识运用（20%）	掌握相关理论知识，完成本次任务关键知识引导的作答准确率（20 分）	20 分	
2	专业技能（40%）	独立完成高频卡读卡硬件环境搭建（+5 分）	40 分	
		独立完成高频卡操作命令的编写（+5 分）		
		按任务要求完成实验并做好记录（+10 分）		
		联系选型场景，画出选型场景中高频卡的工作框图（+20 分）		
3	核心素养（20%）	具有良好的自主学习、分析解决问题、帮助他人的能力，整个任务过程中指导过他人并解决过他人的问题（20 分）	20 分	
		具有较好的学习能力和分析解决问题的能力，任务过程中未指导过他人（15 分）		
		具有主动学习并收集信息的能力，遇到问题请教过他人并得以解决（10 分）		
		不主动学习（0 分）		
4	职业素养（20%）	实验完成后，设备无损坏、设备摆放整齐、工位区域内保持整洁、未干扰课堂秩序（20 分）	20 分	
		实验完成后，设备无损坏、未干扰课堂秩序（15 分）		
		未干扰课堂秩序（10 分）		
		干扰课堂秩序（0 分）		
总得分				

任务小结

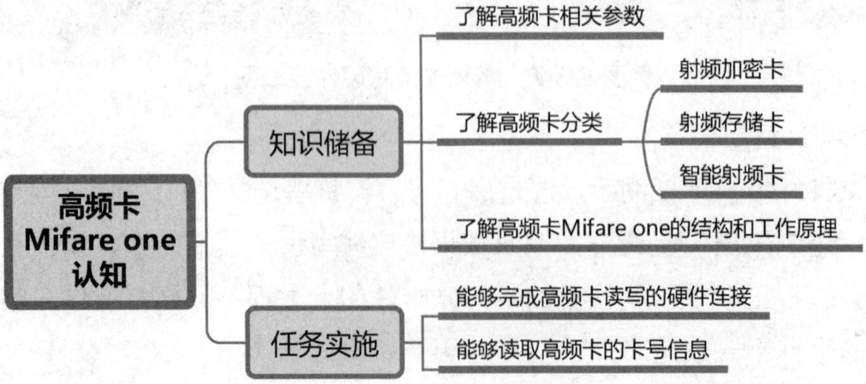

任务 4 图书馆借还书系统

任务描述与要求

任务描述：

在掌握了条码识别技术和射频识别基础知识之后，现在我们来探究一下图书馆借还书系统，实际来模拟一下图书馆的借还书系统，在这个过程中可以理解图书馆借还书系统的"认识"和"辨别"过程。

任务要求：

- 明确图书馆借还书系统的自动识别三要素是什么。
- 明确图书馆借还书系统的"认识"和"辨别"过程是什么。

任务实施

设备与资源准备

任务实施前必须先准备好以下设备和资源，如表 6-4-1 所示。

表 6-4-1 任务 4 需准备的设备和资源

序号	设备/资源名称	数量	是否准备到位（√）
1	模拟图书馆借书系统	1 个	
2	扫码枪	1 个	
3	带有一维条码的书籍	若干本	
4	高频卡	1 张	
5	M3 核心模块	1 个	
6	LF/HF 射频模块	1 个	
7	NEWLab 实训平台	1 个	
8	USB 转串口线	1 根	
9	射频天线	1 根	

（1）模拟图书馆借书系统界面解析图如图 6-4-1 所示。

① 新增书籍用一维条码数据输入框，新增书籍时一维条码数据在此处输入。

② 新增书籍用一维条码对应的书名输入框，新增书籍时一维条码对应书名在此处输入。

③ 新增书籍用一维条码对应的书籍是否借出输入框，新增书籍时一维条码对应书籍是否借出在此处输入，输入 1 表示书籍未被借出，输入借书卡卡号表示书籍被该卡持有者借出。

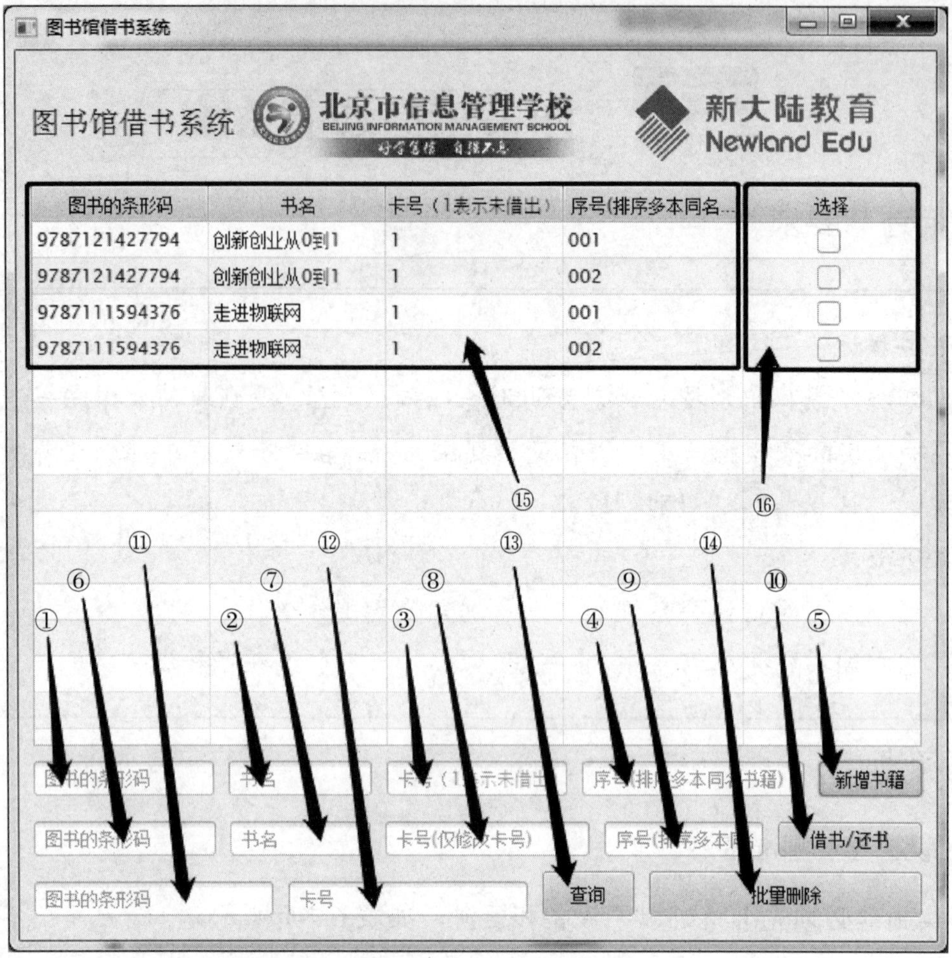

图 6-4-1　模拟图书馆借书系统界面解析图

④ 一维条码对应的书籍序号输入框，新增书籍时一维条码书籍的序号在此处输入，序号作为系统内同名书籍区分使用。

⑤ 新增书籍操作按钮，填写全部信息后，单击此按钮进行新增书籍操作，操作结果可以查看⑮。

⑥ 借书/还书用一维条码数据输入框，借书/还书时一维条码数据在此处输入。

⑦ 借书/还书用一维条码对应的书名输入框，借书/还书时一维条码对应书名在此处输入。

⑧ 一维条码对应的书籍借书/还书输入框，借书/还书时一维条码对应书籍是借出还是归还信息在此处输入，输入 1 表示书籍被归还，输入借书卡卡号表示书籍被该卡持有者借出。

⑨ 一维条码对应的书籍序号输入框，借书/还书时一维条码书籍的序号在此处输入，序号作为系统内同名书籍区分使用。

⑩ 借书/还书操作按钮，填写全部信息后，单击此按钮进行借书/还书操作。

⑪ 查询用一维条码数据输入框，查询书籍时一维条码数据在此处输入，查询结果显示所有该一维条码代表书籍的信息。

⑫ 查询用借书卡输入框，查询时借书卡卡号在此处输入，查询结果显示该卡号下所有借的书籍的信息。

⑬ 查询操作按钮，填写要查询书籍的一维条码数据或名称后，单击此按钮进行查询操作。

⑭ 批量删除按钮，单击此按钮删除所有书籍信息选定框内勾选的书籍信息。

⑮ 已录入图书馆借书系统内的书籍信息框。

⑯ 书籍信息选择框。

（2）参考超市收银系统的商品入库操作，完成图书馆借书系统的新增书籍操作。

（3）按照下面步骤完成图书馆借书系统的借书、还书、查询操作。

① 打开模拟图书馆借书系统，如图 6-4-2 所示。

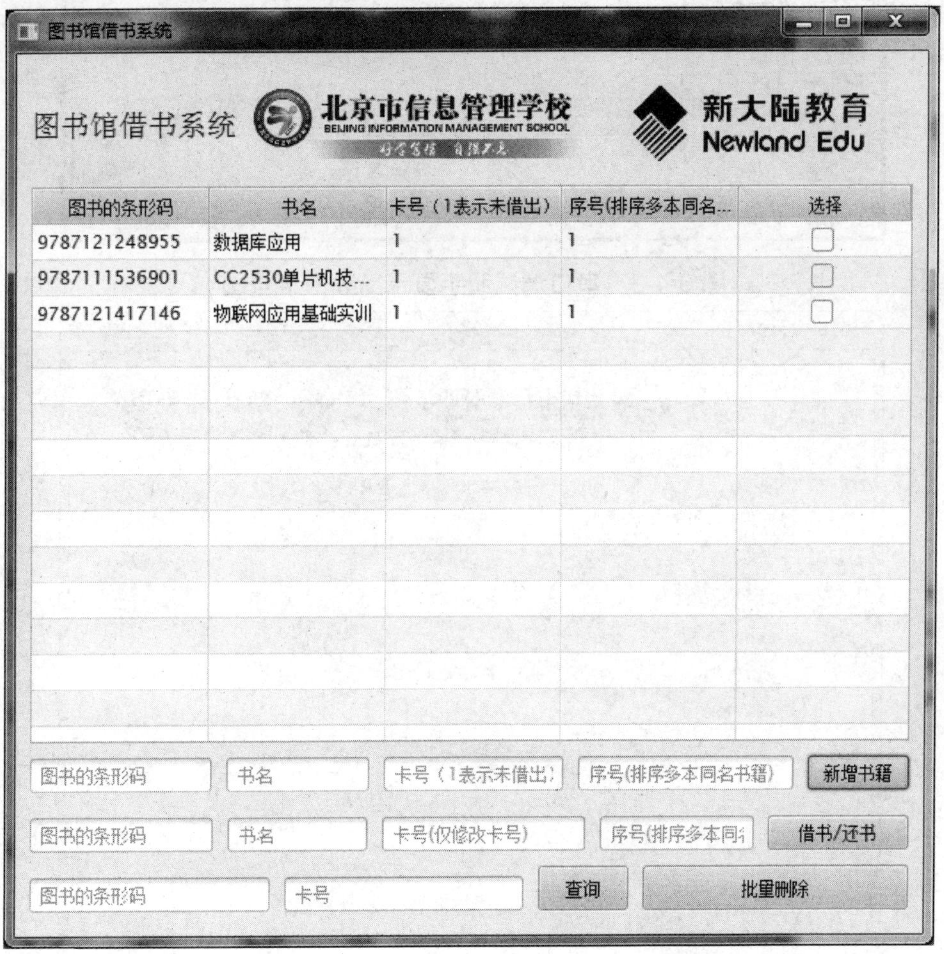

图 6-4-2　模拟图书馆借书系统主界面

② 打开串口调试助手，连接高频读卡器，使用读卡命令读出高频卡卡号，如图 6-4-3 所示。

③ 取出一本已经录入的书籍，使用扫码枪扫描书籍一维条码，单击“查询”按钮，在系统中找到该书籍，如图 6-4-4 所示。

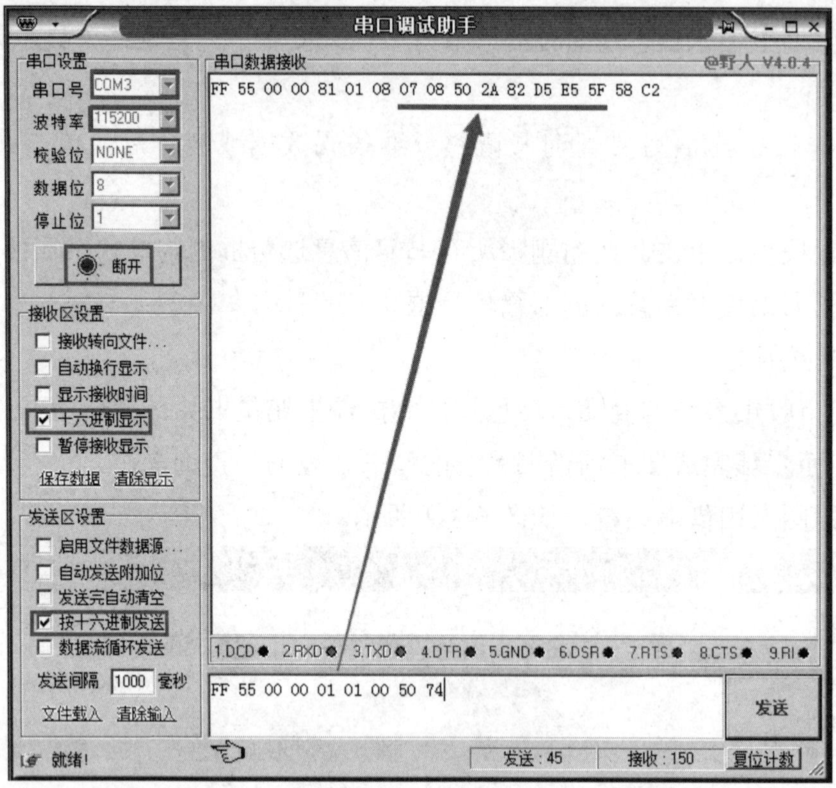

图 6-4-3 串口调试助手显示高频卡卡号图

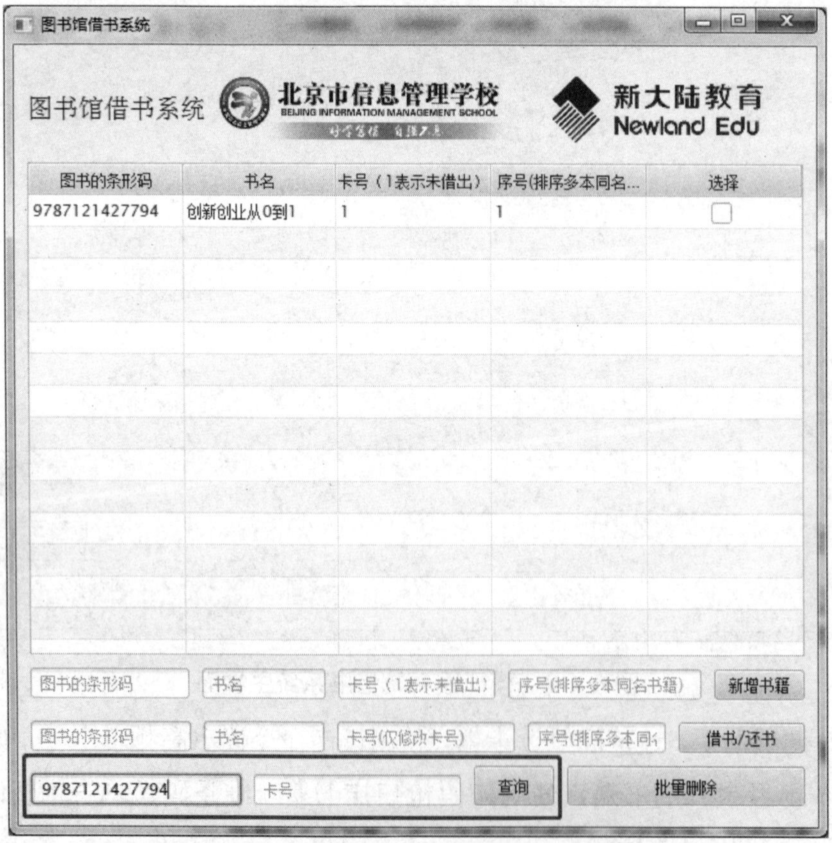

图 6-4-4 模拟图书馆借书系统查询操作

④ 使用扫码枪将书籍的一维条码录入条码输入框，正确填写书名，将串口调试助手读取

到的卡号录入卡号输入框，填写序号，单击“借书/还书”按钮，如图 6-4-5 和图 6-4-6 所示，表示书籍已由该借书卡的持有者借出。

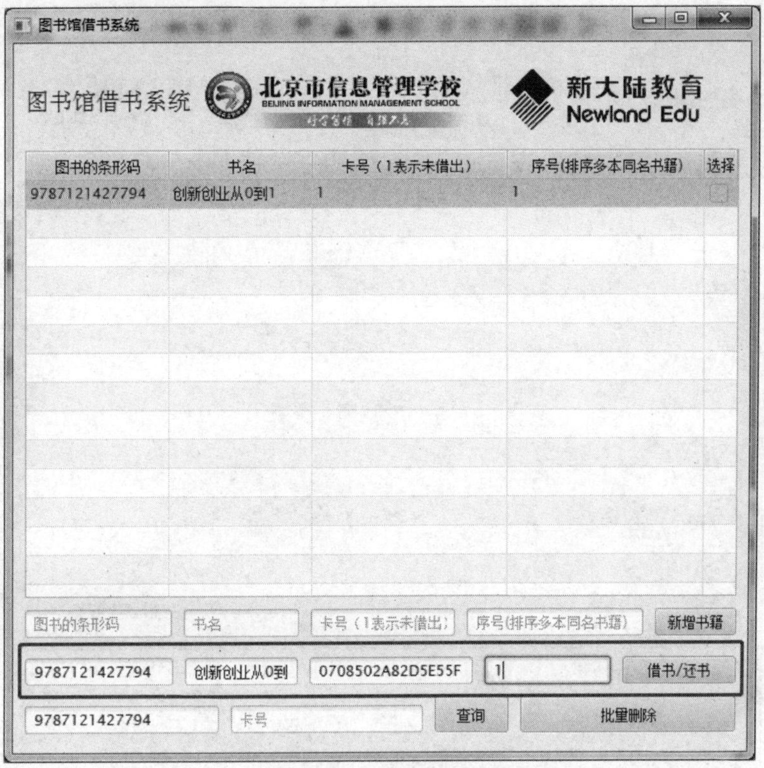

图 6-4-5 模拟图书馆借书系统借书操作 1

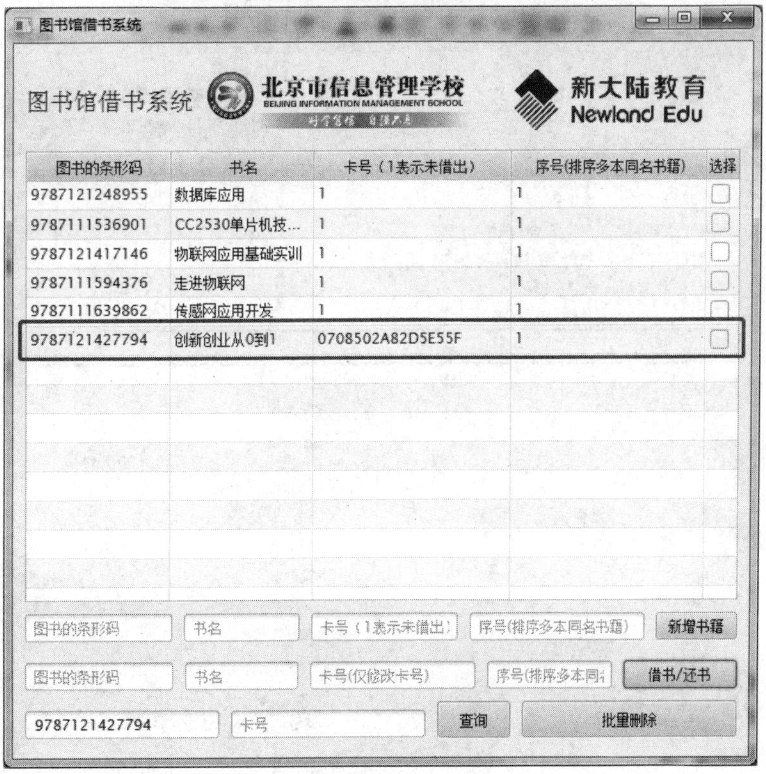

图 6-4-6 模拟图书馆借书系统借书操作 2

⑤ 再次使用刚才已借出的书籍，重复步骤④和步骤⑤，在卡号输入框的地方输入 1，单击“借出/还书”按钮，如图 6-4-7 和图 6-4-8 所示，表示已经将书籍归还至图书馆。

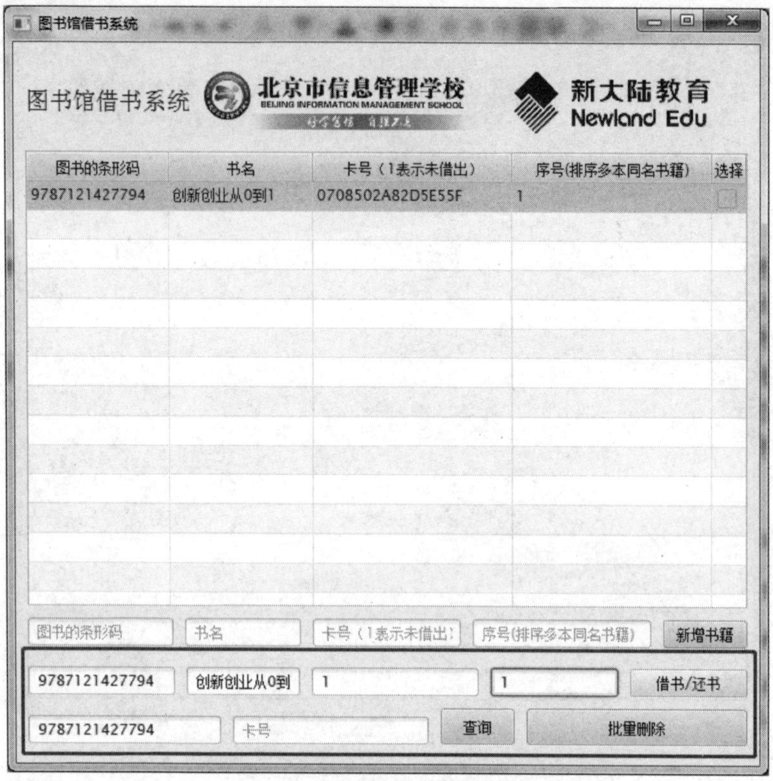

图 6-4-7　模拟图书馆借书系统还书操作 1

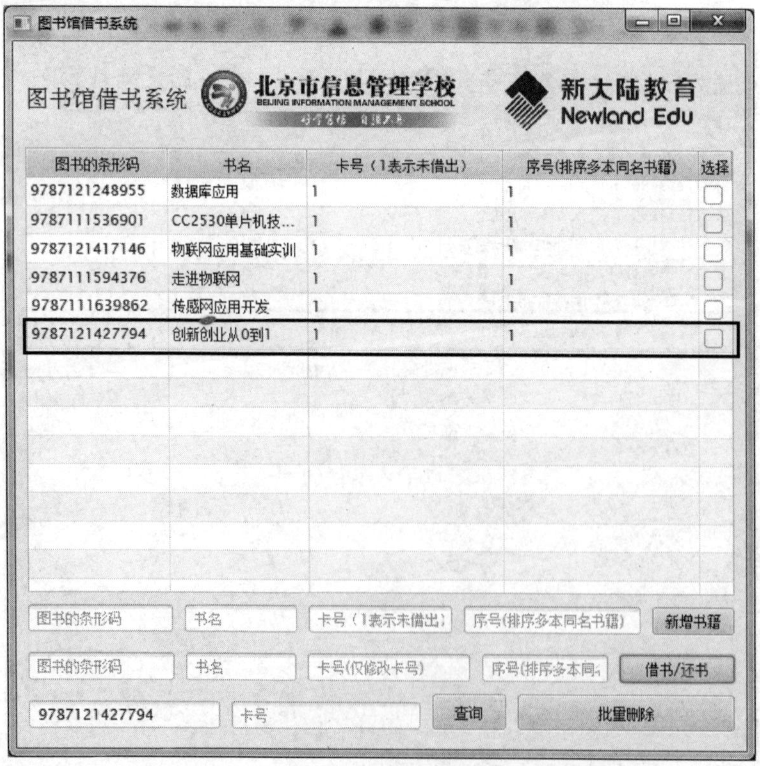

图 6-4-8　模拟图书馆借书系统还书操作 2

⑥ 本系统可以使用书籍一维条码进行查询，同时支持借书卡卡号查询，请分别使用两种方式进行查询并记录现象。

⑦ 依据以上操作，请完成图书馆借还书的场景模拟。

写一写 写出图书馆借还书系统“认识”过程是怎么样的。

写一写 写出图书馆借还书系统“辨别”过程是怎么样的。

画一画 画出图书馆借还书系统工作流程图。

试一试 为图书馆设计一款自动借还书机器，画出这个机器的组成部分和工作流程框图。

图书馆借还书系统任务工单

本任务的任务工单如表 6-4-2 所示。

表 6-4-2　任务 4 的任务工单

项目 6　智能图书馆自动识别技术应用	任务 4　图书馆借还书系统

任务检查与评价

评价方式	可采用自评、互评、教师评价等方式			
说　　明	主要评价学生在项目学习过程中的操作技能、理论知识、学习态度、课堂表现、学习能力等			
序号	**评价内容**	**评价标准**	**分值**	**得分**
1	专业技能（60%）	独立完成高频卡读卡器硬件连接（+5 分）	60 分	
1	专业技能（60%）	独立完成图书馆借还书系统硬件连线和环境搭建（+5 分）	60 分	
1	专业技能（60%）	按任务要求完成实验并做好记录（+10 分）	60 分	
1	专业技能（60%）	深入理解，综合所学知识，画出图书馆借还书系统工作框图（+10 分）	60 分	
1	专业技能（60%）	每个学习小组选出一人进行汇报，要求按照格式，声音洪亮，吐字清晰（小组其他学生得到汇报同学一半的分数）（+30 分）	60 分	
2	核心素养（20%）	具有良好的自主学习、分析解决问题、帮助他人的能力，整个任务过程中指导过他人并解决过他人的问题（20 分）	20 分	
2	核心素养（20%）	具有较好的学习能力和分析解决问题的能力，任务过程中未指导过他人（15 分）	20 分	
2	核心素养（20%）	具有主动学习并收集信息的能力，遇到问题请教过他人并得以解决（10 分）	20 分	
2	核心素养（20%）	不主动学习（0 分）	20 分	
3	职业素养（20%）	实验完成后，设备无损坏、设备摆放整齐、工位区域内保持整洁、未干扰课堂秩序（20 分）	20 分	
3	职业素养（20%）	实验完成后，设备无损坏、未干扰课堂秩序（15 分）	20 分	
3	职业素养（20%）	未干扰课堂秩序（10 分）	20 分	
3	职业素养（20%）	干扰课堂秩序（0 分）	20 分	
总得分				

任务小结

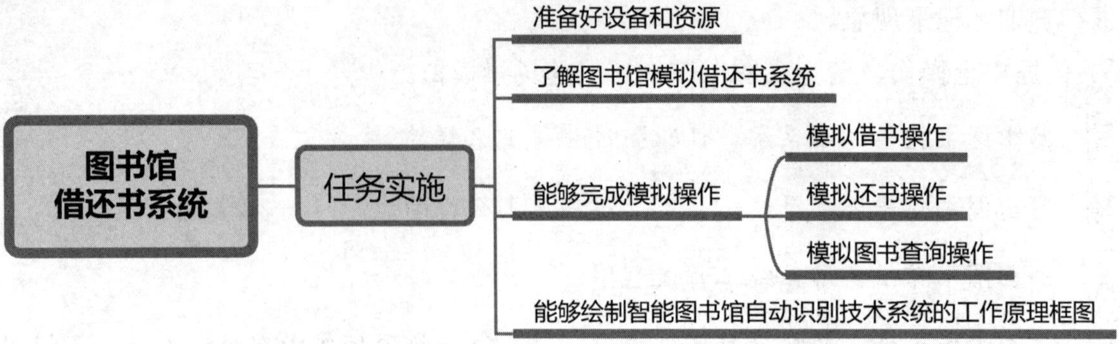
图书馆
借还书系统
任务实施
准备好设备和资源
了解图书馆模拟借还书系统
能够完成模拟操作
模拟借书操作
模拟还书操作
模拟图书查询操作
能够绘制智能图书馆自动识别技术系统的工作原理框图